「PICマイコン」ではじめる電子工作

Peripheral Interface Controller

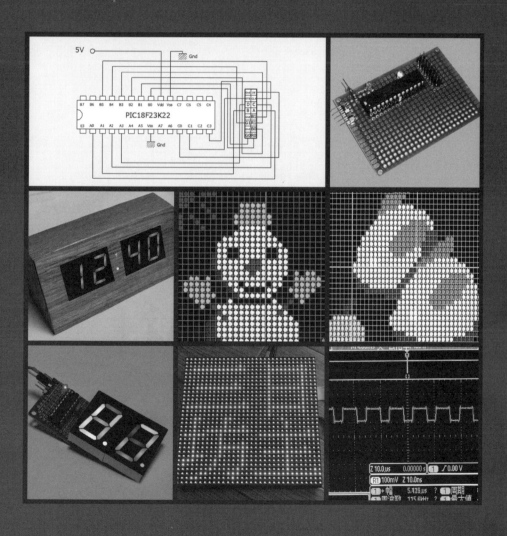

はじめに

「ワンボード・マイコン」が脚光を浴びる中、私はあえて、「ワンチップ・マイコン」の「PIC」(Peripheral Interface Controller) を使ったものを取り上げてきました。

＊

その理由は次の3つです。

(1) 「PICマイコン」のラインナップは豊富にあり、使用目的に合ったものを選びやすい

(2) 「PICマイコン」は入手が容易で、価格が安い

(3) チップメーカーが提供している「MPLAB」や、有償無償の「C言語コンパイラ」などのプログラム開発環境が充実している

今回、この本では、これまで月刊I/O誌に複数月にまたがって掲載された記事の中から、「PICマイコン」、特に「RGBドットマトリクス」や「フルカラー7セグメントLED」などを使った作品を中心にまとめました。

＊

「フルカラーの7セグメントLED」は、数字を表示するための「7セグメントLED」で、セグメントごとに色を変えることができるというものです。

これを使うことで、「発光色」を変えることのできる「LEDクロック」を作ることができますし、よりデザイン性の高いユニークなものにも発展させることもできます。

最近安価に入手できるようになった、「RGBドットマトリクスLEDパネル」を使ったものでは、「鉄道の列車方向幕」を表示する作品に加えて、表示するデータを入力するための、専用のパソコンアプリも紹介しています。

「中間色」(64色)を出すための「考え方」や、その「プログラム例」なども紹介しています。

単純な「RGB」の組み合わせでは表現できなかった色も表示できるようになり、表現のバリエーションを広げることができます。

「RGBの5×7ドットマトリクスLED」では、「使用するための基本的な考え方」や、「簡単に色を変えるための方法」などを紹介しています。

＊

これらの作品を、さまざまなラインナップの「PIC」を適切に使うことで、安価に製作することが可能になります。

また、「RGBドットマトリクスパネル」などを動かすために使う「シリアルデータ転送の基本」などもマスターできます。

＊

この本が、みなさんのオリジナルでユニークな作品を作るための一助になれば幸いです。

神田　民太郎

「PICマイコン」ではじめる 電子工作

CONTENTS

はじめに ………………………………………………………………………… 3

サンプル・プログラムのダウンロード ……………………………………… 6

第1章	マイコンにおける「キー・マトリクス」の基本

[1-1] 「キー・マトリクス」とは …………………………………………… 7

[1-2] 制御ソフトウエア …………………………………………………… 13

第2章	RGB 5×7ドットマトリクスLEDを使うための基礎

[2-1] 小さくて薄い「RGBドットマトリクス」モジュール ……………… 15

[2-2] 基本動作回路 ………………………………………………………… 18

[2-3] テストプログラム …………………………………………………… 20

第3章	PICで「RGBフルカラー」の「7セグメントLED」点灯

[3-1] 「7セグメントLED」とは …………………………………………… 28

[3-2] 基本回路とそのしくみ ……………………………………………… 31

[3-3] プログラムの中身 …………………………………………………… 35

[3-4] 色を変える …………………………………………………………… 42

第4章	PICで作る＜RGBフルカラー＞「7セグメントLEDクロック」

[4-1] 「フルカラーLEDクロック」の機能 ……………………………… 47

[4-2] 使用するCPU ………………………………………………………… 48

[4-3] 部品表 ………………………………………………………………… 52

[4-4] プログラム …………………………………………………………… 53

第5章	「RGBドットマトリクスLED」カラー表示パネルの駆動

[5-1] 材 料 ………………………………………………………………… 61

[5-2] 単色点灯 ……………………………………………………………… 66

[5-3] カラー点灯 …………………………………………………………… 73

[5-4] 表示パターン・エディタ …………………………………………… 80

第6章	PICで「128×32　RGBドットマトリクスLED」カラー表示

[6-1] 2つの「LED方向幕」タイプとサイズ …………………………… 84

[6-2] 「128×32」の「方向幕」を作る …………………………………… 89

[6-3] データ入力用「パターン・エディタ」 …………………………… 100

第7章	PICでRGBドットマトリクスLEDカラー64色表示

[7-1] 「RGBフルカラー表示」とは ……………………………………… 105

[7-2] アプリケーションプログラムの使い方 …………………………… 112

索引 ……………………………………………………………………………… 126

サンプル・プログラムのダウンロード

本書の「サンプル・ファイル」は、工学社ホームページのサポートコーナーからダウンロードできます。

<工学社ホームページ>

http://www.kohgakusha.co.jp/support.html

ダウンロードしたファイルを解凍するには、下記のパスワードを入力してください。

PYGatDK3LHnq

すべて「半角」で、「大文字」「小文字」を間違えないように入力してください。

●本書は月刊I/Oに掲載した記事を再編集したものです。
　また、本書で書かれている商品の販売元や金額は、掲載当時のものです。
●各製品名は、一般的に各社の登録商標または商標ですが、®およびTMは省略しています。

第1章

マイコンにおける「キー・マトリクス」の基本

「マイコン」を使った機器を作るときに、比較的多くの「キー・スイッチ」を使ったものを作りたいことがあります。

しかし、「キー・スイッチ」の数が多くなるほど、その接続だけで、「マイコン・ポート」の多くを占有してしまいます。

そこで1章では、多くの「キー・スイッチ」を使う場合に一般的に用いられている、「キー・マトリクス」という考え方を使って、マイコン・ポートを節約するための「基本的な回路」と「プログラム」を取り上げたいと思います。

これは、応用範囲が広く、900円以下で作ることができるので、ぜひ実際に試してみてください。

図1-1 「キー・スイッチ」

1-1　「キー・マトリクス」とは

「キー・マトリクス」は、「キー・スイッチ」の数が比較的多くなる場合(一般的には8個を超えるようなとき)に、「キー・スイッチ」を単独で入力ポートに接続するのではなく、次の図のように"マトリクス状"に接続して、いくつかの端子を共通にします。

第1章 マイコンにおける「キー・マトリクス」の基本

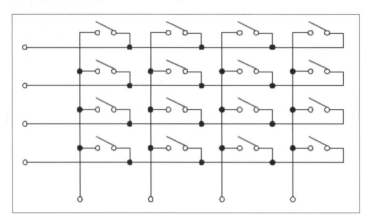

図1-2　キー・マトリクス基本図

　このようにすることで、16個のスイッチを配置しているにもかかわらず、端子は8つですみます。

　もし、単純にマイコンの16ポートに16個のスイッチを接続しようとすると、次のように使用するマイコンの、ほとんどのポートを占有してしまいます。
　そのため、他の用途で使うことが難しくなってきます。

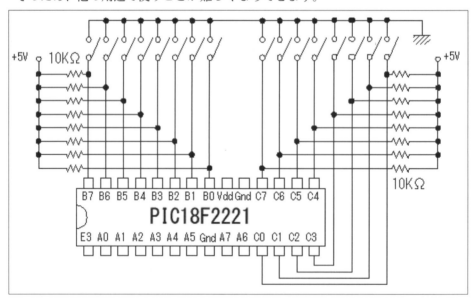

図1-3　16個のキー・スイッチを16ポートに接続する

　これを「キー・マトリクス」の考え方で接続すると次のようにできます。

[1-1]「キー・マトリクス」とは

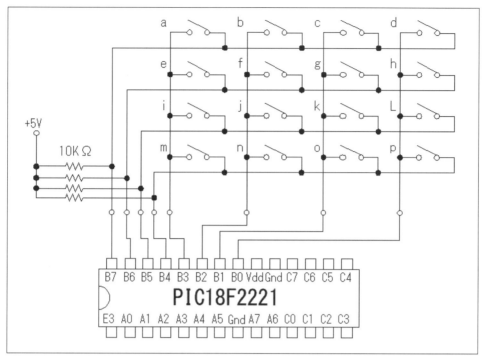

図1-4　16個のキー・スイッチを8ポートで接続できる

これならば、I/Oポートの大幅な節約になります。

＊

とはいっても、いいことばかりではありません。

単独の「キー・スイッチ」の場合、どのスイッチが押されているのかを判断するには、スイッチが接続されているポートの値が「1」なのか「0」なのかで、容易に判断できます。

しかし、「キー・マトリクス」にしたときは、それほど単純にはいきません。
ある考え方を使って、プログラムで処理しなくてはいけません。

■「スイッチON」を判断する

では、どのキーが押されているかを判断する、1つの考え方を示します。

先ほどの図で、マイコンの「b0～b3ポート」に1箇所だけ「負論理の信号」を出します。

つまり、次の4パターンのデータを繰り返し送ります(「2進数」で表記しています)。

①1110→②1101→③1011→④0111

16進数で表記すれば、「E」「D」「B」「7」です。

9

そして、「b4〜b7ポート」で、データを読みます。

*

何のキーも押されていなければ、「bポート」の上位4ビットの値は「1111（F）」です。

そして、「bポート」の下位4ビットの値を、上記の①にして上位4ビットの値を読むと、「dが押されていれば、0111になる」ことが分かります。

*

逆の言い方をすれば、下位ビットに①の値を送って、上位ビットが「0111」になっていれば、「dスイッチが押されている」と判断できるわけです。

もし、「hスイッチ」が押されていたら、上位ビットは、「1011」となるわけです。

もちろん、①のデータを送ったときに、「dhLp」以外のキーが押されていても、検知することはできません。

「cgko」のキー検知は、②のデータを送ったときに検知し、「bfjn」のキーは③、「aeim」のキーは④のデータを送ったときに検知します。

■ プライオリティ・エンコーダ「74HC148」を使う

これまで解説したように、マイコン単独でも、「キー・マトリクス」の入力処理は可能です。

今回は、スイッチをさらに16個追加しても、マイコンのポートを大幅に節約して処理するために、「74HC148」という「TTL」を使ってみます。

「74HC148」は、「プライオリティ・エンコーダ」と呼ばれ、今回のような「キー入力処理」をするときに役立つものです。

では、基本的な回路図を示します。

[1-1] 「キー・マトリクス」とは

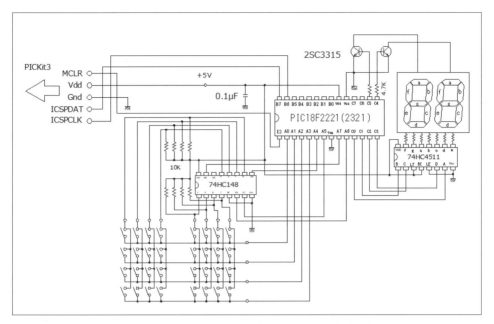

図1-5　「74HC148」を使った「キー・スイッチ」処理回路例

図1-6　制御メイン基板(表・裏)

　この回路の動作は、32個あるスイッチの押された箇所によって、「0から31の数字が、7セグメントLEDに表示される」という単純なものです。

　32個のスイッチが付けられているにもかかわらず、スイッチ部分の処理に使っているポートは8つだけで、「Bポート」は未使用です。

　「74HC148」は、8か所ある入力端子のどれか1か所が「Lowレベル」になると、それに対応した、3ビットの「バイナリ・コード」を、「A0～A2」に出力します。
　また、「EO端子」は、どれかスイッチが押されると、「Highレベル」になります。

　これらの情報を得て、マイコン側では、8つの列のどこが押されたのかを知ることができます(基本的に複数同時押下については対応しません)。

＊

第1章 マイコンにおける「キー・マトリクス」の基本

「行」については、マイコン側から、「Low レベル」の信号を、どれか1つの「行」にだけ送ることで選択します。

なお、今回入力されたスイッチの番号を表示するための「7セグ LED」のドライブにも、定番の「4511」を使うことで、ポートを節約しています。

今回は「0～31」までの数値を表示できればいいので2桁にしていますが、「C6」「C7」が空いているので、このポートを使って、"4桁"までの数値を表示することもできます。

＊

「キー・マトリクス」の実験に使う主な部品は秋月電子から購入可能です。
「キー・マトリクス」部品表を参考にしてみてください。

表1-1 「キー・マトリクス」実験用の主な部品表

部品名	型番	コード	必要数	単価	金額
PIC マイコン (PIC18F2221 でも ok)	PIC18F2321	I-05382	1	240	240
28PIN IC ソケット	P-01339	P-01339	1	70	70
NPN トランジスタ (2SC1815 でも OK)	2SC3325	I-00628	2	5	10
プライオリティ・エンコーダ	SN74HC148	I-08599	1	30	30
7セグメントデコーダ	74HC4511	I-08878	1	60	60
2桁カソードコモン 7セグメント LED	HDSP-K123 など	I-10947	1	30	30
0.1μF 積層セラミックコンデンサ	0.1μF	P-00090	1	10	10
チップ抵抗	330Ω	―	7	1	7
〃	10kΩ	―	16	1	16
タクトスイッチ (P-13870 など でも OK)	―	P-03648	32	10	320
2.54mm ピッチ片面ユニバーサル基板	47.5mm × 72mm など	P-00517	1	60	60
				合計金額	853

1-2 制御ソフトウエア

次に、この回路を動作させるためのプログラムを示します。

＊

このプログラムは、前述した考え方を反映したものになっています。

＊

コンパイラは、「CCS-C」で記述していますが、コンパイラ依存の特別な関数は使っていないので、「XC」などへの変更は難しくないと思います。

```c
//------------------------------------------------------------------
// PIC18F2221(2321) キー・マトリクス基本プログラム
// Test Program by Mintaro Kanda
//      2019/2/17(Sun)
//------------------------------------------------------------------
#include <18f2221.h>
#fuses INTRC_IO,NOWDT,NOPROTECT,NOMCLR
#use delay (clock=32000000)
#use fast_io(a)
#use fast_io(b)
#use fast_io(c)
#use fast_io(e)
int keta[2]={0};
void data_in(int score)
 {
   //各桁の数字をketa[]に入れる
    keta[0]=score%10;
    keta[1]=score/10;
}
void disp()
 {
    int i,tr_drv;
    //7seg表示
    tr_drv=1;
    for(i=0;i<2;i++){
        if(i<1 | keta[1]!=0) output_c(tr_drv<<4 | keta[i]);
        delay_ms(1);
        tr_drv<<=1;
    }
    delay_us(500);
}
int in_key()
{
    int i,scan,key=99;
    scan = 1;
    for(i=0;i<4;i++){
      output_a(~scan);
      while(input(PIN_A7)){
```

13

```c
            key=((input_a()>>4) & 0x7) + (i*8);
            goto ex;
        }
        scan<<=1;
    }
ex: return key;
}
void main()
  {
    int n=0,in=99;
    set_tris_a(0xf0);//a4,a5,a6,a7 入力
    set_tris_b(0x0);//全ポート出力設定（今回は未使用）
    set_tris_c(0x0);//全ポート出力設定
    setup_oscillator(OSC_32MHZ);
    setup_adc_ports(NO_ANALOGS);//全ポートデジタル設定
    while(1){
        in=in_key();
        data_in(in);
        disp();
    }
}
```

第2章

RGB 5×7ドットマトリクスLEDを使うための基礎

> 1年ほど前に、秋月電子で「表面実装用フルカラーRGB-LED」が1個10円で販売されました。
>
> ところが、このLEDは、1辺1mmの正方形で、極めて小さく、単体では扱いにくいものでした。
>
> そこで、これを基板上に「5×7」で並べた「ドットマトリクス・モジュール」（8.5×18×1.4mm）が500円で販売されました。
>
> 応用範囲も広いと思われるユニークなパーツなので、その基本的な使い方を解説します。

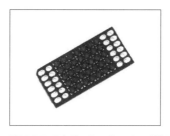

図2-1 「RGB5x7」ドットマトリクス（秋月電子）

2-1 小さくて薄い「RGBドットマトリクス」モジュール

このパーツを最初に手にした印象は、"薄くて小さい"です。
縦横の大きさだけであれば、このサイズの「7セグメントLED」はあります。
しかし、「1.4mm」という薄さは驚異的です。

写真で比較すると分かりますが、他の「5×7ドットマトリクスLED」や、同サイズの「7セグメントLED」よりも、はるかにコンパクトです。

大きさは、「表示」に直接関わるところです。
そのため、小さいことが必ずしもメリットにはなりませんが、薄いことは大きなメリットになると思います。

第2章　RGB 5×7ドットマトリクスLEDを使うための基礎

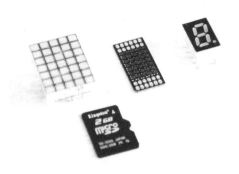

図2-2　大きさ比較(手前は「マイクロSDカード」)

■ 仕様

この「RGB-DotMatrix」の仕様は、次のとおり。

LED	RGB
ドット数	5行-7列
ドット(LED)サイズ	1mm×1mm
コモン	アノード
端子(基盤ホール)ピッチ	1.27mm
表示サイズ	10mm×8mm
基板サイズ	18mm×8.5mm

■ ドライブの考え方

このパーツを使うためには、マイコンの制御が不可欠になります。

仕様のドット数「5行-7列」ということからすると、7列のドライブに「7ポート」、5行にそれぞれあるRGB－LEDに、「5×3＝15ポート」が必要になります。

単純に考えれば、「7＋15＝22ポート」必要ということになり、このモジュールを1つだけ使う場合であればそれでOKです。

ところが、たとえば「数字」や「アルファベット」の表示素子として使いたい場合は、「モジュール」を2つ3つと、複数並べて使うことが想定されます。

そのようなときには、1つ増やすごとに、追加で「15ポート」が必要になってきます。

つまり、2つのモジュールを付けたいとすると、「7＋15＋15＝37ポート」も必要になります。

[2-1] 小さくて薄い「RGBドットマトリクス」モジュール

これでは、4モジュールとかでは、相当数のI/Oポートが必要となり、対応するマイコンも限定的になってきてしまいます。

＊

そこで、一般的な対応方法として、1つのモジュールにある「5×3=15個」のRGB-LEDのデータを「ラッチ」(保持)するパーツを使って、データを記憶させてやります。

その代表的なパーツが、「74HC595」(1個40円)という「シフトレジスタ」です。

このパーツでは、「8bit」のデータを保持できるので、15ポートぶんの保持には、2つ使えばよいことになります。

つまり、このRGB-DotMatrix-LED 1モジュールにつき、2つの「74HC595」を使えばよいことになります。

4モジュールなら、8個必要ということです。

それでも320円程度ですから、ポートの多いマイコンを用意することよりも、経済的にメリットがあります。

これを使って、マイコン側からは、表示したいデータを「シリアル転送」します。

「74HC595」は、チェーンして次々に連ねることができますし、シリアル接続なので、「74HC595」の「Sout端子」を、次の「74HC595」の「SER」に接続するだけです。

マイコン側からは、たとえば「SPI通信機能」を使ってデータを送ることができます。

＊

PICの「SPI通信機能」をもつ、「PIC16F819」を使った例を示しましたが、SPI通信機能を有するPICであれば、他のものでも可能です。

ただし、7行のラインドライブに「7ポート」、その他SPI通信に「4ポート」を使うので、それが確保できるだけのポート数は必要です。

第2章 RGB 5×7ドットマトリクスLEDを使うための基礎

2-2 基本動作回路

次に、1個のモジュールをドライブするために必要な「表示用 基本回路」を示します。

今回使う「RGB5×7ドットマトリクス」は、基板に「1.27mmピッチ」でホール(端子)があります。

それをそのまま使うために、回路基板も「1.27mmピッチ」の「両面ユニバーサル基板8.5」を使い、コンパクトにまとめてみました。

そのため、PICやTTLも「1.27mmピッチ」の「SOPタイプ」を使っています。

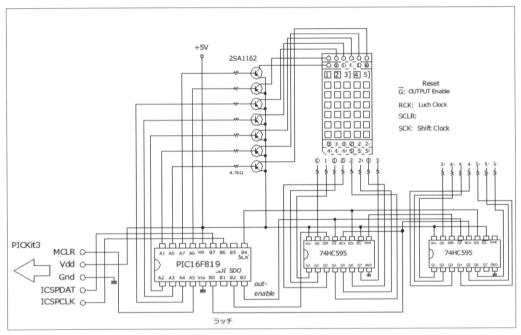

図2-3 「RGB 5×7ドットマトリクス」ドライブ回路図

図2-4 1.27mmピッチ基板に実装

[2-2] 基本動作回路

表2-1 RGB 5×7 DotMatrix 点灯実験用の主な部品表

部品名	型番	秋月通販コード	必要数	単価	金額	購入店
PICマイコン (SOPタイプ)	PIC16F819	I-02085	1	170	170	秋月電子
PNPチップトランジスタ	2SA3325	I-00628	7	5	35	〃
超小型「RGB 5×7ドットマトリクス」モジュール	AE-uDotMatrix 5x7-RGB	M-13878	1	500	500	〃
シフトレジスタ (SOPタイプ)	74HC595	I-10077	2	40	80	〃
「0.1μF」積層セラミックコンデンサ(チップ)	0.1μF	P-00090	1	5	5	〃
チップ抵抗	510Ω	―	15	1	15	〃
〃	4.7k	―	7	1	7	〃
1.27mmピッチピンソケット	―	C-08695	1	30	30	〃
1.27mmピッチピンヘッダ	―	C-03865	1	90	90	〃
1.27mmピッチ両面ユニバーサル基板 (1／4程度使用)	48mm×72mmなど	P-11605	1	(60)	60	〃
			合計金額		992	

19

第2章 RGB 5×7ドットマトリクスLEDを使うための基礎

2-3 テストプログラム

　回路の製作が終わったら、次のテストプログラムを実行して、各LEDがきちんと点灯することを確認してください。

*

　下のラインから、「赤」「緑」「青」「紫」「黄色」「水色」「白」となれば、OKです。

※なお、コンパイラは、CCS-Cの「spi_write( )」関数を使う関係上、他のコンパイラの場合は、その関連部分の変更が必要になります。

```c
//-----------------------------------------------------------
//  PIC SPI RGB DotMatrix 5x7 基礎プログラム for PIC16F819
//  Programmed by Mintaro Kanda
//   2019-1-20(Sun)    CCS-Cコンパイラ用
//  Latch:B0 SDO:B2  OutEnable:B3  B4:SPI Clock
//-----------------------------------------------------------
#include <16F819.h>
#fuses INTRC_IO,NOWDT,NOBROWNOUT,PUT,NOMCLR,NOCPD,NOLVP
#use delay (clock=8000000)
#use fast_io(A)
#use fast_io(B)
void main()
  {                 //赤、緑、青、紫、水色、黄色、白の1ラインデータ
   int data[7][2]={{0x92,0x49},{0x24,0x92},{0x49,0x24},
                   {0xdb,0x6d},{0x6d,0xb6},{0xb6,0xdb},{0xff,0xff}};
   int i,j,shift;
   setup_oscillator(OSC_8MHZ);
   set_tris_a(0x0);//
   set_tris_b(0x0);//SDI(B1)ポートだけ入力設定
   setup_adc_ports(NO_ANALOGS);//all digitalに指定

   //MSSP初期設定　SPIモード
   setup_spi(SPI_MASTER | SPI_H_TO_L | SPI_CLK_DIV_16 | SPI_SS_DISABLED);

   output_a(0);
   output_b(0);
   while(1){
     shift=1;
     for(j=0;j<7;j++){
       output_high(PIN_B3);//dataアウトプットOFF
       output_low(PIN_B0);//ラッチ解除
       for(i=0;i<2;i++){
         spi_write(~data[j][i]);//74HC595へデータを送信
       }
       output_high(PIN_B0);//ラッチ
       if(j==5){//A5端子は入力専用で使っていないので飛ばす処理
           shift<<=1;
       }
```

```
            output_a(~shift);
            output_low(PIN_B3);//dataアウトプットON
            shift<<=1;
            delay_us(100);
        }
    }
}
```

■ 数字表示プログラム

次に、「数字パターン」を各色で表示するプログラムについて解説していきます。

*

「数字」や「アルファベット」などの文字パターンを表示するためには、パターンを定義しなければなりません。

「5×7ドットパターン」では、パターン定義はそれほど面倒なものではありません。
たとえば、次の表のように定義して、それを「2進数」に置き換えて読み、「16進数」で表記します。
「16進数」表記にするのは、プログラム上でデータを記述するためです。

これまでのように、単色で表示させる場合なら、このデータだけで表示できます。
しかし、今回は、色を任意に設定することもできるので、それを考慮したプログラムが必要になります。

*

色を決めるためのデータは、「RGB 3ビット×5行」を、74HC595の「8ビット×2個」に割り振ることになるので、下の表のデータをそのまま使うことはできません。
かと言って、「3ビット×5行」の中途半端なデータを表示色ごとに設定するのも面倒です。

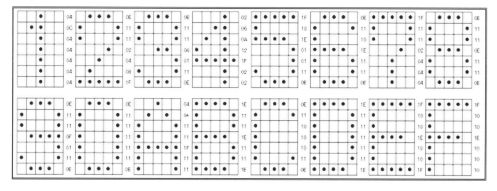

図2-5　5×7ドットパターン

そこで、上の表のパターンデータはそのままに、表示したい色のデータを別に用意します。

第2章　RGB 5×7ドットマトリクスLEDを使うための基礎

それを指定することで、任意の色(基本の7色)を表示していくことにします。

このような考え方に基づくプログラムをするには、プログラムの基本を踏まえた上で、応用する力が必要となります。

*

以下にプログラムを示します。参考にしてみてください。

このプログラムでは、「タイマー割り込み」を使って、「赤色」の表示からはじまって、「0」〜「F」までの16進数を表示します。

「赤」の次は、「緑」「青」…「白」と表示色が変化していきます。

```
//------------------------------------------------------------------
//   PIC SPI RGB DotMatrix 5x7 数字（16進数）表示プログラム for PIC16F819
//   Programmed by Mintaro Kanda
//   2019-1-20(Sun)        CCS-Cコンパイラ用
//   Latch:B0 SDO:B2  OutEnable:B3  B4:SPI Clock
//------------------------------------------------------------------
#include <16F819.h>
#fuses INTRC_IO,NOMCLR
#use delay (clock=8000000)
#use fast_io(A)
#use fast_io(B)
const int data[16][7]={{0x0E,0x11,0x11,0x11,0x11,0x11,0x0E},//0
                       {0x04,0x0C,0x04,0x04,0x04,0x04,0x04},//1
                       {0x0E,0x11,0x11,0x02,0x04,0x08,0x1F},//2
                       {0x0E,0x11,0x11,0x06,0x01,0x11,0x0E},//3
                       {0x02,0x06,0x0A,0x12,0x1F,0x02,0x02},//4
                       {0x1F,0x10,0x1E,0x01,0x01,0x11,0x0E},//5
                       {0x0E,0x11,0x10,0x1E,0x11,0x11,0x0E},//6
                       {0x1F,0x11,0x11,0x02,0x04,0x04,0x04},//7
                       {0x0E,0x11,0x11,0x0E,0x11,0x11,0x0E},//8
                       {0x0E,0x11,0x11,0x0F,0x01,0x11,0x0E},//9
                       {0x04,0x0A,0x11,0x11,0x1F,0x11,0x11},//A
                       {0x1E,0x11,0x11,0x1E,0x11,0x11,0x1E},//B
                       {0x0E,0x11,0x10,0x10,0x10,0x11,0x0E},//C
                       {0x1E,0x11,0x11,0x11,0x11,0x11,0x1E},//D
                       {0x1F,0x10,0x10,0x1E,0x10,0x10,0x1F},//E
                       {0x1F,0x10,0x10,0x1E,0x10,0x10,0x10}};//F

                  //赤 緑　青紫 水 黄　白
                  //001,010,100,101,110,011,111};
 const int color[7]={0x1,0x2,0x4,0x5,0x6,0x3,0x7};
int count=0,outdata[7][2];//[数字][ライン][2byte分]
#int_timer1 //タイマー1割込み処理
void intval(){
```

[2-3] テストプログラム

```c
            count++;
}
void makedata(int num,int col)//num:数字  col:色
{
    int i,j,da;
    long shel;
    for(j=0;j<7;j++){//ラインセレクト
        shel=0;
        da=data[num][j];
        for(i=0;i<5;i++){//5ドット分
            if(da & 0x1){
                shel|=color[col];
            }
            if(i<4){
                shel<<=3;
                da>>=1;
            }
        }
        outdata[j][0]=shel>>8;
        outdata[j][1]=shel & 0xff;
    }
}
void send()//シリアルデータ転送
{
    int i,j,shift;
    shift=1;
        for(j=0;j<7;j++){//ライン送り
            output_high(PIN_B3);//dataアウトプットOFF
            output_low(PIN_B0);//ラッチ解除
            for(i=0;i<2;i++){
                spi_write(~outdata[6-j][i]);//74HC595へデータを送信
            }
            output_high(PIN_B0);//ラッチ
            if(j==5){//A5端子は入力専用で使っていないので飛ばす処理
                shift<<=1;
            }
            output_a(~shift);
            output_low(PIN_B3);//dataアウトプットON
            shift<<=1;
            delay_ms(1);
        }
}
void main()
 {
    int num,col;
    setup_oscillator(OSC_8MHZ);
    set_tris_a(0x0);//
    set_tris_b(0x0);//SDI(B1)ポートだけ入力設定
```

23

```
    setup_adc_ports(NO_ANALOGS);//all digitalに指定

    setup_timer_1(T1_INTERNAL | T1_DIV_BY_8);//タイマー1割り込み
    set_timer1(0xF000); //initial set
    enable_interrupts(INT_TIMER1);
    enable_interrupts(GLOBAL);

    //MSSP初期設定　SPIモード
    setup_spi(SPI_MASTER | SPI_H_TO_L | SPI_CLK_DIV_16 | SPI_SS_DISABLED);

    num=0;col=0;
    while(1){
     if(count>2){
         count=0;
         num++;
         if(num>15){   //0～9　A～Fまでを表示
             num=0;
             col++;
             col%=7;
         }
     }
      makedata(num,col);
      send();
    }
}
```

■「中間色」による表示プログラム

RGB各色による単純な組み合わせでは、単独色を含んで「7色」が表現できます。

その中には、「オレンジ色」や「江戸紫」「エメラルドグリーン」「ピンク色」など、表現したい色が含まれません。

これらを表現するには、RGB各色の「輝度レベル」を調節する必要がありますが、ハード的に行なうのは簡単ではありません。

*

そこで、ソフト的に行なう方法として、「RGBの各色で点灯させる回数を調節する」方法があります。

これによって、先ほど例示したような、よく使う色を表現することができます。

詳しい解説は省略しますが、プログラムを示しますので、参考にしてください。

[2-3] テストプログラム

```c
//----------------------------------------------------------
//  PIC SPI RGB DotMatrix 5x7 数字表示プログラム for PIC16F819
//  Programmed by Mintaro Kanda  中間色表示
//   2019-1-20(Sun)      CCS-Cコンパイラ用
//  Latch:B0 SDO:B2  OutEnable:B3  B4:SPI Clock
//----------------------------------------------------------
#include <16F819.h>
#fuses INTRC_IO,NOMCLR
#use delay (clock=8000000)
#use fast_io(A)
#use fast_io(B)
const int data[16][7]={{0x0E,0x11,0x11,0x11,0x11,0x11,0x0E},//0
                       {0x04,0x0C,0x04,0x04,0x04,0x04,0x04},//1
                       {0x0E,0x11,0x11,0x02,0x04,0x08,0x1F},//2
                       {0x0E,0x11,0x11,0x06,0x01,0x11,0x0E},//3
                       {0x02,0x06,0x0A,0x12,0x1F,0x02,0x02},//4
                       {0x1F,0x10,0x1E,0x01,0x01,0x11,0x0E},//5
                       {0x0E,0x11,0x10,0x1E,0x11,0x11,0x0E},//6
                       {0x1F,0x11,0x11,0x02,0x04,0x04,0x04},//7
                       {0x0E,0x11,0x11,0x0E,0x11,0x11,0x0E},//8
                       {0x0E,0x11,0x11,0x0F,0x01,0x11,0x0E},//9
                       {0x04,0x0A,0x11,0x11,0x1F,0x11,0x11},//A
                       {0x1E,0x11,0x11,0x1E,0x11,0x11,0x1E},//B
                       {0x0E,0x11,0x10,0x10,0x10,0x11,0x0E},//C
                       {0x1E,0x11,0x11,0x11,0x11,0x11,0x1E},//D
                       {0x1F,0x10,0x10,0x1E,0x10,0x10,0x1F},//E
                       {0x1F,0x10,0x10,0x1E,0x10,0x10,0x10}};//F


                //赤 緑  青 紫 水 黄  白
                //001,010,100,101,110,011,111};
const int color[7]={0x1,0x2,0x4,0x5,0x6,0x3,0x7};
int count=0,outdata[3][7][2];//[数字][ライン][2byte分]
#int_timer1 //タイマー1割込み処理
void intval(){
    count++;
}
void makedata(int num,int col,int ms)//num:数字  col:色
{
   int i,j,k,da;
   //100 100 100 100 100 0  010 010 010 010 010 0  001 001 001 001
001 0
   int mask[7][2]={{0x92,0x49} , {0x49,0x24},{0x24,0x92},
   //           110 110 110 110 110 0  011 011 011 011 011 0  101 101
101 101 101 0
                  {0xdb,0x6c},{0x6d,0xb6},{0xb6,0xda},
                  {0xfe,0xfe}}; //中間色表示用  マスクデータ
   long she1;
   for(k=0;k<3;k++){
```

第2章　RGB 5×7ドットマトリクスLEDを使うための基礎

```c
        for(j=0;j<7;j++){//ラインセレクト
            shel=0;
            da=data[num][j];
            for(i=0;i<5;i++){//5ドット分
                if(da & 0x1){
                    shel|=color[col];
                }
                if(i<4){
                    shel<<=3;
                    da>>=1;
                }
            }
            if(k){
                outdata[k][j][0]=(shel>>8) & mask[ms][0];
                outdata[k][j][1]=(shel & 0xff) & mask[ms][1];
            }
            else{
                outdata[k][j][0]=shel>>8;
                outdata[k][j][1]=shel & 0xff;
            }
        }
    }
}
void send()//シリアルデータ転送
{
    int i,j,h,shift;
    for(h=0;h<3;h++){
        shift=1;
        for(j=0;j<7;j++){//ライン送り
            output_low(PIN_B0);//ラッチ解除
            for(i=0;i<2;i++){
                    spi_write(~outdata[h][6-j][i]);//74HC595へデータを送信
            }
            output_high(PIN_B0);//ラッチ
            if(j==5){//A5端子は入力専用で使っていないので飛ばす処理
                shift<<=1;
            }
            output_a(~shift);
            output_low(PIN_B3);//dataアウトプットON
            shift<<=1;
            delay_us(500);
            output_high(PIN_B3);//dataアウトプットOFF
        }
    }
}
void main()
{
    int num,col,ms;
```

[2-3] テストプログラム

```c
    setup_oscillator(OSC_8MHZ);
    set_tris_a(0x0);//
    set_tris_b(0x0);//SDI(B1)ポートだけ入力設定
    setup_adc_ports(NO_ANALOGS);//all digitalに指定

    setup_timer_1(T1_INTERNAL | T1_DIV_BY_8);//タイマー1割り込み
    set_timer1(0xF000); //initial set
    enable_interrupts(INT_TIMER1);
    enable_interrupts(GLOBAL);

    //MSSP初期設定　SPIモード
    setup_spi(SPI_MASTER | SPI_H_TO_L | SPI_CLK_DIV_16 | SPI_SS_DISABLED);

    num=0;col=0,ms=6;
    while(1){
     if(count){
          count=0;
          num++;
          if(num>15){//0～9　A～Fまでを表示
               num=0;
               col++;
               col%=7;
               if(col==0){
                    ms++;
                    ms%=7;
               }
          }
     }
      makedata(num,col,ms);
      send();
    }
}
```

第3章

PICで「RGBフルカラー」の「7セグメントLED」点灯

一風変わった「7セグメントLED」の点灯実験をしてみます。

3-1 「7セグメントLED」とは

「7セグメントLED」は、数字を表示するパーツとして、昔から多くの分野で使われてきました。

発光色は、「赤」「緑」「青」「オレンジ」などがあり、最近は、「白色」のものもあります。

「バックライト」を付けないと見えづらい「液晶」とは異なり、視認性に優れています。

一方、自ら発光するLEDですから、当然ですが、発光色が限られているという難点もあります。

■「RGBフルカラー」7セグメントLED

「LED」ですから、RGBで複数色を発光する「7セグメントLED」はないのだろうかと思って、検索してみると、ありました。

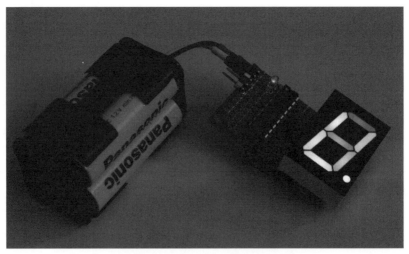

図3-1　RGB 7セグメントLED

[3-1] 「7セグメントLED」とは

　この「LED」は、オランダのRGBDigit社から販売されていて、国内でも秋月電子で購入できます。

　大きさは縦34mm、横23mmの、やや大きめの「7セグLED」です。
　価格は1280円(税込)と、単色の「7セグLED」では、あり得ないぐらい高価なものです。

　一般的なRGBのLEDでは、端子がコモンも含めて4つありますから、もし、この単発のRGB−LEDを7つ使ってセグメントを構成した場合、「7×3＋1＝22端子」(ドットも含めると25端子)にもなります。

　ざっと考えても、「コントロールが大変そう！」だと思います。

　ところが、この「フルカラーRGB7セグメントLED」の後ろを見ると、何と、端子は6つしかなく、そのうちの2つは、それぞれ「VDD」(2端子)と「GND」(2端子)なので、実質的には4端子しかありません。

図3-2　RGB 7セグメントLEDの裏側

　「いったい、これでどのように任意の色を出力して数字を構成するのだろう」と疑問に思うでしょう。

　その秘密は、この「RGBフルカラー7セグメントLED」の1つ1つのセグメントに使われている「RGB−LED」にありました。

第3章 PICで「RGBフルカラー」の「7セグメントLED」点灯

■ RGB-LED

これらの「RGB-LED」には、Worldsemi社の「WS2812B」が使われています。

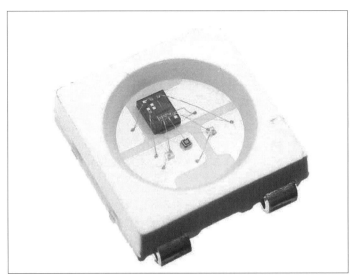

図3-3　WS2812B(秋月電子)

　このLEDは、内部にマイコンをもっていて、「シリアルデータ」を「DIN端子」に送ることによって、RGBのどのLEDをどれぐらいの輝度(0～255)で点灯させるかをコントロールできるのです。

　しかも、このLEDの「DOUT端子」を次の同じLEDの「DIN端子」につなぐことで、次々と連結でき、それぞれのLEDを異なる色で光らせることができます。

　逆に言えば、適切なシリアルデータを送り込まない限り、まったく点灯させることができません。

3-2 基本回路とそのしくみ

実験に使う基本回路を示します。

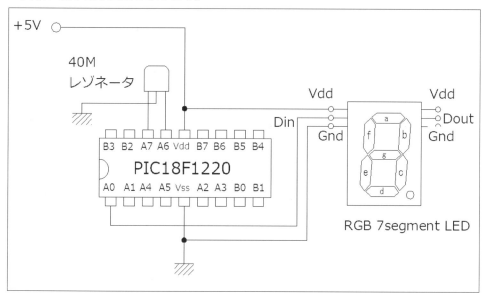

図3-4 「RGB 7セグメントLED」点灯基本回路

＊

シリアル信号を送るための「1ポート」(どのポートでも出力ができれば可)があればOKです。

ただし、メインクロックを40MHzにする関係上、**PIC18F1220**を使っています。
最大クロック40MHz以上を設定可能なPIC18であれば、どれでもOKです。

図3-5 実験回路基板

第3章 PICで「RGBフルカラー」の「7セグメントLED」点灯

■シリアルデータ・プロトコル

「シリアル・データ」とは、1本の線を使って、0と1の信号を送るだけの単純な通信方法です。

線1本でデータを送ることができるので、大変便利な反面、送るデータを1ビット単位に、細切れにしなくてはいけません。

また、1バイトのデータを8回に分けて送るため、時間がかかるので、メインクロックのスピードを上げることによってそれを低減します。

＊

この「WS2812B」のシリアルデータ・プロトコルは、「SPI」や「I2C」などのような有名なプロトコルではなく、単純な独自プロトコルになっています。

ですから、PICでCCS-Cを使って、「用意されている関数を使って簡単にプログラム」というようなわけにはいきません。

「Arduino」ではサンプルスケッチが用意されているので、容易に点灯実験ができるようですが、PICにはそのようなものも見当たりません。

ですから、Worldsemi社が提供している制御パルスに従って、制御信号を作り出すしかありません。

■制御信号

制御パルスの波形は極めて単純で、次のようなものです。

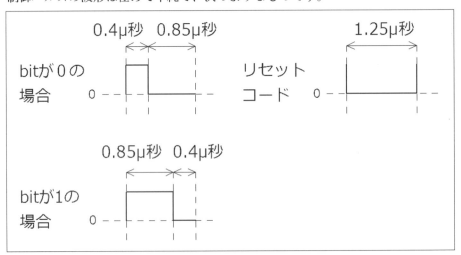

図3-6　パルスの波形

この図の1パルスが、データの一部の1ビットを表わしています。

[3-2] 基本回路とそのしくみ

RGBのデータはそれぞれ、1バイトで合計3バイトありますから、ビットで表わせば、8×3＝24bitのパルスで、1つのセグメントの色データを送るということになります。

これを「aセグメント」から順番に「b」「c」「d」「e」「f」「g」と送り、最後は小数点部分のデータを送ります。

RGBの各データの1バイトデータの中身は、LEDを発光させるときの輝度レベルで、「0」は消灯、「255」(FF)は全灯ということになり、「256×256×256＝16777216色」を表現できます。

実際に点灯してみると、輝度レベルの値が、「30」(16進)程度でも充分に明るく、明るい日中の部屋でも、充分認識できる明るさです。

最大輝度レベルの「FF」(16進)では、眩しすぎるぐらいです。

＊

図の波形のハイレベル(1)のデータや、ローレベル(0)のデータの時間の0.4μ秒や0.85μ秒の値には、許容範囲があり、メーカのデータでは、±150n秒とあります。

つまり、±0.15μ秒ということになります。

ですから、0.4μ秒は0.25μ秒〜0.55μ秒、0.85μ秒は0.7μ秒〜1.0μ秒までOKということになるので、その範囲で設定すればよいことになります。

たとえば、送り込む1バイトデータが78(10進)だとすると、

```
78(10進)→4E(16進)→01001110(2進)
```

となるので、

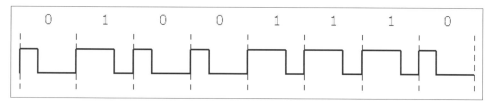

のような波形を送り込むことになります。

送り込む1バイト・データの順番は、「G(緑色の輝度レベル)」「R(赤色の輝度レベル)」「B(青色の輝度レベル)」で、合計3バイトとなります。

第3章 PICで「RGBフルカラー」の「7セグメントLED」点灯

■ 波形の生成

PICマイコンでこの波形を生成することを考えると、「delay_ms( )」や@「delay_us( )」を使って次のようなプログラムを書けばよさそうな気がします。

※A0ポートにデータ信号を出力する想定、コンパイラはCCS-Cの場合。

```
  :
output_high(PIN_A0);
delay_us(1);
output_low(PIN_A0);
delay_us(1);
  :
```

しかし、一目瞭然、このプログラムでは、最小1μ秒の幅のパルスしか作れないことが分かります。

*

では、「0.4」などのパルス幅は、どうやって作ればいいのでしょうか。

もし、コンパイラに「CCS-C」を使っているのであれば、もう1つの時間待ち関数「delay_cycles( )」を使う方法があります。

「delay_ms( )」や「delay_us( )」は、基本的には、CPUのメインクロックにかからず、指定した時間待ちをしてくれます。

それに対して、「delay_cycles( )」は、メインクロックに依存した待ち時間となります。

「delay_cycles(1)」は、メインクロックの4倍です。

メインクロックが40MHzの場合、「delay_cycles(1)」は、理論的には「0.1μsec」となります。

今回使いたいのは、「0.4μsec」と「0.85μsec」ですから、「0.4μsec」は、理論上は単純にdelay_cycles(4)となり、「0.85μsec」はdelay_cycles(8)（0.85μsecは0.7μ秒～1.0μ秒の範囲内で変更可だから）ということになります。

*

次節では実際にプログラムを作り、波形をオシロスコープで確認して、それぞれの1パルス幅、周期がどれぐらいになっているかを見てみたいと思います

34

[3-3] プログラムの中身

材料・部品	型番など	秋月通販コード	単価	数量	金額	主な購入店
CPU	PIC18F1220	I-05377	250	1	250	秋月電子
レゾネータ	40MHz	P-02886	25	1	25	〃
ICソケット（丸ピン）	18Pin	P-00030	40	1	40	〃
RGB 7 セグメントLED	―	I-12181	1280	1	1,280	〃
積層セラミックコンデンサ	0.1μF	P-00090	10	1	10	〃
ユニバーサル片面基板	47mm×36mm	P-08241	30	1	30	〃
				合計	1,635	

3-3 プログラムの中身

　実際に、「1のデータ波形」の生成をするための「delay_cycles(8)」「delay_cycles(4)」と、「0のデータ波形」の生成をするための「delay_cycles(4)」「delay_cycles(8)」を使って出力した波形をオシロスコープで確認して、それぞれの1パルス幅、周期がどれぐらいになっているかを見てみます。

■実際のプログラム

　プログラムの全体は、次のようなものです。

```
//-------------------------------------------------------------------
// PIC18F1220 RGB 7Segment LED 1桁点灯  Program
//  Programmed by Mintaro Kanda  メインクロック  40MHz
//  2017-9-30(SAT)   CCS-C  コンパイラ用
//-------------------------------------------------------------------
#include <18F1220.h>
#fuses NOIESO,NOFCMEN,HS,NOBROWNOUT,PUT,BORV45
#fuses NOWDT
#fuses NODEBUG,NOLVP,NOSTVREN
#fuses NOPROTECT,NOCPD,NOCPB,NOMCLR
#fuses NOWRT,NOWRTD,NOWRTB,NOWRTC,NOEBTR,NOEBTRB
#use delay (CLOCK=40000000)
#use fast_io(A)
#use fast_io(B)
int count=0;
int d1[2],d2[2];
void bit(int data)
{
    signed int i;
```

35

第3章 PICで「RGBフルカラー」の「7セグメントLED」点灯

```c
    int a=0x80;
    for(i=0;i<8;i++){
        if(data & a){
            output_high(PIN_A0);
            delay_cycles(8);
            output_low(PIN_A0);
            delay_cycles(4);
        }
        else{
            output_high(PIN_A0);
            delay_cycles(4);
            output_low(PIN_A0);
            delay_cycles(8);
        }
        a>>=1;
    }
}
void reset(void)
{
    output_low(PIN_A0);
    delay_us(50);
}
void main()
{
    int val;
    set_tris_a(0x00);
    set_tris_b(0x00);
    setup_adc_ports(NO_ANALOGS);

    output_a(0x0);
    while(1){
        bit(0x0);bit(0x30);bit(0x0);//a 赤
        bit(0x30);bit(0x0);bit(0x0);//b 緑
        bit(0x0);bit(0x0);bit(0x30);//c 青
        bit(0x30);bit(0x30);bit(0x0);//d 黄色
        bit(0x30);bit(0x0);bit(0x30);//e 水色
        bit(0x0);bit(0x30);bit(0x30);//f 紫
        bit(0x10);bit(0x20);bit(0x0);//g オレンジ
        bit(0x30);bit(0x30);bit(0x30);//dot  白

        reset();
        delay_ms(5000);//5秒後にデータ再書き込み(必須のものではない)
    }

}
```

[3-3] プログラムの中身

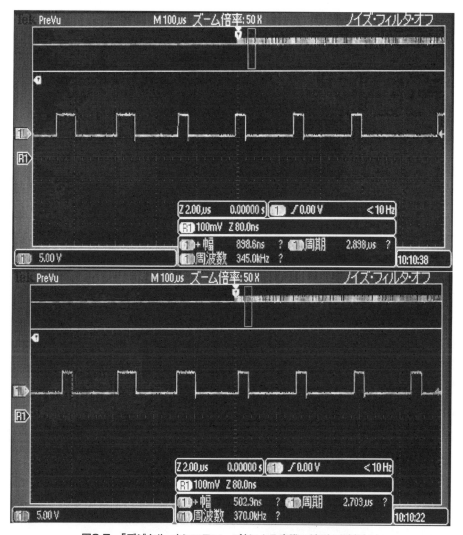

図3-7 「デジタル・オシロスコープ」による実際の波形の測定(1)

　これにより、「delay_cycles(8)」の1パルス幅は「898nsec」、「delay_cycles(4)」が「502nsec」であることが分かります。

　さらに、周期は2.7μsec～2.9μsecで、理論上の「800nsec」「400nsec」「1.2μ」とはなっていません。
　これは、「理論上」と「実態」の差、また、「周期」については、「ループにかかる処理の負荷」が影響しているためです。

　しかし、「7セグLED」の制御には影響ないようです。

第3章 PICで「RGBフルカラー」の「7セグメントLED」点灯

■ パルス幅の調節

「矩形波」のほうは、「delay_cycles(8)」を「delay_cycles(7)」に、「delay_cycles(4)」を「delay_cycles(3)」に変更。

波形を見てみると、次のように、ほぼ「800nsec」と「400nsec」になり、周期も「約2.6μsec」に縮まりました。

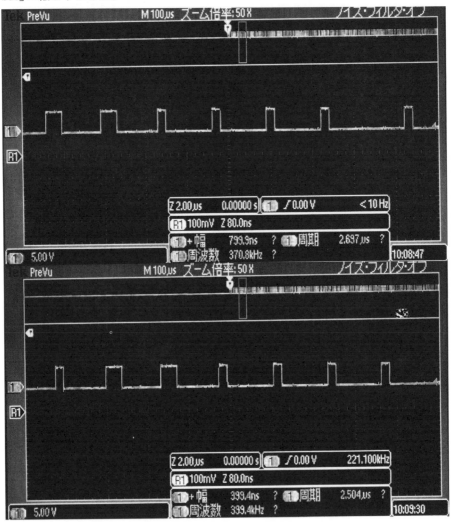

図3-8 デジタル・オシロスコープによる実際の波形の測定2

このように、C言語のレベルで、「0.1μ秒」オーダーのパルスを生成しようとすると、メインクロックを「40MHz」ぐらいにしないと苦しいことが分かります。

今回使用した、PIC18F1220などの「内蔵オシレータ」の最大が8MHzであることから、外部クロックの使用は必須になります。

その他の方法としては、「アセンブラ・レベル」での記述をしなければいけません。

[3-3] プログラムの中身

また、1パルスの出力には、当然「ループ命令」を使いますが、そのループ内に1つでも多く処理命令（足し算や引き算も含めて）を入れると目的のシリアルデータ生成に影響を与えるので、最小限の命令で構成します。

■「1バイト・データ」から「1ビット・データ」を8つ切り出す

プログラムの「メイン・ルーチン」から目的とするデータを送るときは、目的とするデータを「1バイト」の表記で関数に送ることになります。

なぜならば、「1ビットデータ」では、あまりにも煩雑になるからです。

しかし、RGB7セグLEDに送る信号は、1ビットの連続データですから、これを1バイトのデータから切り出さなくてはいけません。

これには、「ビット・シフト命令」と、「論理演算」を行なうことで実現します。

また、「ビット・データ」は、「1バイト」のデータの「上位ビット」から送ることになっているので、次のような関数プログラムが考えられます。

```
void bitout(int data)
{
int i,od;
for(i=0;i<8;i++){
    od = data>>(7-i) & 1;//1バイトデータの上位ビットからの1ビット切り出し
    if(od){
        output_high(PIN_A0);
        delay_cycles(7);
        output_low(PIN_A0);
        delay_cycles(3);
    }
    else{
        output_high(PIN_A0);
        delay_cycles(3);
        output_low(PIN_A0);
        delay_cycles(7);
    }
}
}
```

しかし、残念ながらこの関数プログラムはうまく動作しませんでした。

(7-i)という引き算で時間をロスしているようです。

39

第3章 PICで「RGBフルカラー」の「7セグメントLED」点灯

そこで、この演算をからめないように次のようなプログラムに書き換えてみました。

```
int i,od;
for(i=7;i>=0;i--){
    od = data>>i & 1;//1バイトデータの上位ビットからの1ビット切り出し
:
:
```

これで、(7-i)という演算を含む負荷がないので、うまくいくと思いました。

・・・が、やはりうまくいきません。どこが悪いのでしょうか。

＊

普段はあまり気にしないのですが、「CCS-Cコンパイラ」の場合、「変数の型」は、デフォルトで「unsigned型」なのです。

つまり、「int型」の場合は、「負の値」を扱わない「0〜255」が、変数の取り得る範囲となります。

ですから、上記のようなプログラムでは「0」の次は「-1」がきてループを抜けることを想定していますが、そのようにならないので、ループから抜けられないわけです。

＊

これは、次のように、「int」の前に「signed」を書けば解決します。

```
signed int i,od;
for(i=7;i>=0;i--){
    od = data>>i & 1;//1バイトデータの上位ビットからの1ビット切り出し
:
:
```

この場合、変数「i」や「od」の数の範囲は、「-128〜+127」ということになるので、注意が必要です。

また、このプログラムは、7セグの表示に影響はしませんが、前にオシロスコープで測定したときのプログラムや波形とは異なるものになります。

40

[3-3] プログラムの中身

■ 周期の異なる波形

このプログラムで測定される波形は次のようなものになります。

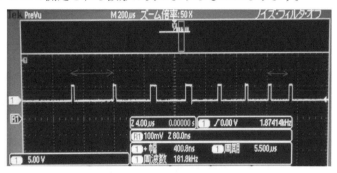

図3-9　周期の異なる波形

「矢印」の幅が「左側」と「右側」では、明らかに異なっています。

最初のビットでは周期が長く、終わりのビットでは、短くなっています。

そして、トータルの周期は、「5.5μsec」となっています。
最初に示した、オシロ画面の測定の「2.6μsec」の約2倍です。

これは、ループの処理に時間がかかっていることを示しています。

＊

この理由は、「ビット・シフト」を行なう際に、「7ビット・シフト」から始まり、その後「6ビット・シフト」「5ビット・シフト」とシフト回数が減っていくためだと考えられます。

PICのアセンブラ命令の「シフト命令」は、「1ビット・シフト」であるため、複数ビットのシフトは、単純に1ビット・シフト命令を必要回数繰り返すしかないからです。

＊

最初の波形測定で使ったプログラムでは、そのことを考慮して、ループを回るごとに行なう「ビット・シフト」は、「1bitシフト」だけにするように工夫しています。

しかし、「下位ビット」までシフトさせて「1」との「AND」をとり、「1」か「0」かを判定しているのではなく、「0」か「それ以外」かで判定している点に注意が必要です。

「if文」の判定は「ブーリアン」なので、「1」か「0」かしか判定しません。
この場合の「1」は、「0」以外はすべて「1」と見なします。

ですから、たとえば、「0x40(01000000)」と「0x40(0x80から右1ビットで変化するaの値)」とのANDは「1」です。

第**3**章　PICで「RGBフルカラー」の「7セグメントLED」点灯

このように、「μsecオーダー波形」の生成プログラムでは、CPUの「メインクロック・レベル」のものになるため、普段は気にしないようなプログラムの書き方の工夫も重要になってきます。

*

次節では「3桁の表示」に挑戦してみます。

3-4　色を変える

この節では、実際に「色」を変えていきましょう。

■ セグメントごとに「色」を変える

「RGB 7セグLED」は、「7セグメント表示」の常識を変える、画期的なものであると思います。

しかし、なぜこれまでの製品では発光色が限られてきたのかと言えば、「機能的に多色である必要はないから」でしょう。

「赤」や「緑」「青」「オレンジ」以外でも、もっと変わった色の表示があってもよかったのでしょうが、さすがにセグメントごとに異なる色を出す必要はないと思いました。

実際、セグメントごとに異なる色を設定して何かの数字を表示してみると、一見して何の数字が表示されているのかが分からないのです。
このことは、機能面から考えるとマイナスでしかありません。

ですから、この高価な「7セグメントLED」の用途は、何か芸術的に意味のあるプロダクトへの応用ということになるのかもしれません。

*

まず、考えられるのが「一風変わった色の変化するデジタル時計」。

その他には、このパーツのメーカのHPには、「デジタル温度計」に使ったビデオが載っていて、「温度の変化によって、表示色が変化する」というものがありました。

これもよい利用法だと思います。

■ 複数桁の「RGB7セグメントLED」を接続して点灯

この「7セグメントLED」は、前述したように、各セグメントを光らせるRGB－LEDそれぞれにマイコンを内蔵。

必要な「シリアル・データ」を受け取って、任意の色を任意の輝度レベルで光らせることができます。

その表示は、次のデータが来るまでラッチ(保持)されます。

ですから、複数桁の「7セグLED」を点灯するときによく使われる「ダイナミック点灯」のような1桁ずつ流しで点灯させる必要はありません。

表示した数字に変化がなければ、「メインCPU」は「RGB7セグメントLED」に対して、何の信号も送る必要はありません。

このことは、「CPU」を他の処理に専念させられるので、大変便利です。

*

実際にこの「RGB7セグメントLED」を使うときは、複数個連結して使うことになると思いますが、その際にも、接続は極めて簡単です。

次の写真のように、チェインしていけばいいのです。

送るデータは、「上位のモジュール」のぶんから順に送り、続いて「2個目」「3個目」のモジュールに対するデータを送ります。

このため、配線も非常にシンプルです。

ただし、各モジュールの接続の線が長くなるようなときは、必ず「2芯シールド線」を使って接続してください。

「シールド線」を使わずに配線すると、データが"なまって"、正しい表示にならなくなる場合があります。

第3章 PICで「RGBフルカラー」の「7セグメントLED」点灯

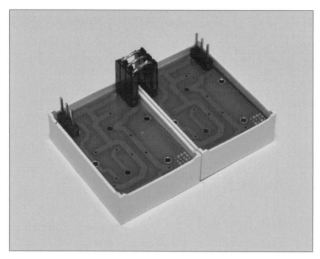

図3-10　2個のモジュールをピンコネクタで接続したところ

図3-11　2個の「7セグLED」の点灯

図3-12　3桁表示例

[3-4] 色を変える

この3桁点灯例のプログラムは、次のようなものです。

《プログラム》

```
//------------------------------------------------------------------
// PIC18F1220 RGB 7Segment LED 3桁点灯  Program
//  Programmed by Mintaro Kanda  メインクロック  40MHz
//  2017-10-1(Sun)    CCS-Cコンパイラ用
//------------------------------------------------------------------
#include <18F1220.h>
#fuses NOIESO,NOFCMEN,HS,NOBROWNOUT,PUT,BORV45
#fuses NOWDT
#fuses NODEBUG,NOLVP,NOSTVREN
#fuses NOPROTECT,NOCPD,NOCPB,NOMCLR
#fuses NOWRT,NOWRTD,NOWRTB,NOWRTC,NOEBTR,NOEBTRB
#use delay (CLOCK=40000000)
#use fast_io(A)
#use fast_io(B)
int count=0;
int d1[2],d2[2];
void bit(int data)
{
    signed int i;
    int a=0x80;
    for(i=0;i<8;i++){
        if(data & a){
            output_high(PIN_A0);
            delay_cycles(7);
            output_low(PIN_A0);
            delay_cycles(3);
        }
        else{
            output_high(PIN_A0);
            delay_cycles(3);
            output_low(PIN_A0);
            delay_cycles(7);
        }
        a>>=1;
    }
}
void reset(void)
{
   output_low(PIN_A0);
   delay_us(50);
}
void main()
 {
   int val;
   set_tris_a(0x00);
```

第3章 PICで「RGBフルカラー」の「7セグメントLED」点灯

```
    set_tris_b(0x00);
    setup_adc_ports(NO_ANALOGS);

    output_a(0x0);
    while(1){
        bit(0x0);bit(0x30);bit(0x0);//a 赤
        bit(0x30);bit(0x0);bit(0x0);//b 緑
        bit(0x0);bit(0x0);bit(0x30);//c 青
        bit(0x30);bit(0x30);bit(0x0);//d 黄色
        bit(0x30);bit(0x0);bit(0x30);//e 水色
        bit(0x0);bit(0x30);bit(0x30);//f 紫
        bit(0x10);bit(0x20);bit(0x0);//g オレンジ
        bit(0x30);bit(0x30);bit(0x30);//dot 白

        bit(0x30);bit(0x0);bit(0x10);//a エメラルドグリーン
        bit(0x10);bit(0x20);bit(0x10);//b ピンク
        bit(0x10);bit(0x10);bit(0x10);//c 灰色
        bit(0x10);bit(0x10);bit(0x0);//d 暗い黄色
        bit(0x15);bit(0x0);bit(0x15);//e 暗い水色
        bit(0x8);bit(0x15);bit(0x4);//f 茶色
        bit(0x6);bit(0x12);bit(0x0);//g 暗いオレンジ
        bit(0x10);bit(0x0);bit(0x0);//dot 暗い緑

        bit(0x0);bit(0x30);bit(0x30);//a 紫
        bit(0x0);bit(0x30);bit(0x30);//b 紫
        bit(0x0);bit(0x30);bit(0x30);//c 紫
        bit(0x0);bit(0x30);bit(0x30);//d紫
        bit(0x0);bit(0x30);bit(0x30);//e 紫
        bit(0x0);bit(0x30);bit(0x30);//f 紫
        bit(0x0);bit(0x30);bit(0x30);//g 紫
        bit(0x0);bit(0x30);bit(0x00);// dot赤

        reset();
        delay_ms(5000);//5秒後にデータ再書き込み（必須のものではない）
    }
}
```

46

第4章

PICで作る＜RGBフルカラー＞「7セグメントLEDクロック」

「RGB7セグメントLED」を使って、「表示色」を変える＜RGBフルカラー＞「7セグメントLEDクロック」（以降、「フルカラーLEDクロック」）を作ってみます。

4-1 「フルカラーLEDクロック」の機能

今回作る「フルカラーLEDクロック」は、製作費が6,000円ぐらいかかります。その約90％が、「RGB7セグメントLED」の費用です。

図4-1　フルカラーLEDクロック

「フルカラーLEDクロック」には、次のような機能をもたせることにします。

第4章　PICで作る＜RGBフルカラー＞「7セグメントLEDクロック」

①「DIPロータリー・スイッチ」で、発光色を任意に選択可能。

②「ボリューム」で、発光色の輝度レベルを変更できる。

③外部発振器に「32768Hzのクリスタル」を使う。

④4つの「タクト・スイッチ」で、時刻合わせが容易にできる。

⑤セグメントごとに色を変えることはしない。

4-2　使用するCPU

　「フルカラーLEDクロック」のCPUは、マイクロチップ社の、DIP-20ピンの「PIC18F13K22」です。
　マイナーなCPUのせいか、価格は1個「180円」(秋月電子価格)と格安です。

＊

　このCPUの特徴は特にないのですが、ちょっと驚いたのが、内蔵オシレータの選択肢に「64MHz」がある点です。

＊

　「7セグメントLED」を点灯させるためには、比較的高速な「400nsec〜850nsecオーダー」のシリアルデータを送る必要があります。
　C言語の記述で、この信号を作り出すには、「32MHz」以上のクロックが必要になります。

　また、「時計」という性格上、1秒を作り出すための正確な「外部発振器」を付ける必要があります。

　今回は、「32768Hzのクリスタル」を使いますが、そのために「外部発振器」を付ける端子(A4,A5)を使うので、メインクロックには「外部発振器」を省略したいという事情もあります。

　また、「cpp1」端子を使って、点滅コロン用のRGB-LEDの輝度も、「7セグメントLED」の明るさに応じて変えるようにします。

　以上のようなことを考えると、一見、何の特徴もなさそうに見える「PIC18F13K22」が、大変好都合なCPUだと言うことができます。

＊

　「PIC18F13K22」のピン配置図は、次のようになっています。

[4-2] 使用するCPU

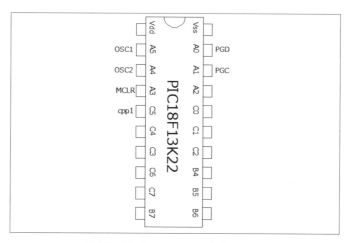

図4-2 「PIC18F13K22」ピン配置図

■ 回路図

「フルカラーLEDクロック」の全回路図を示します。

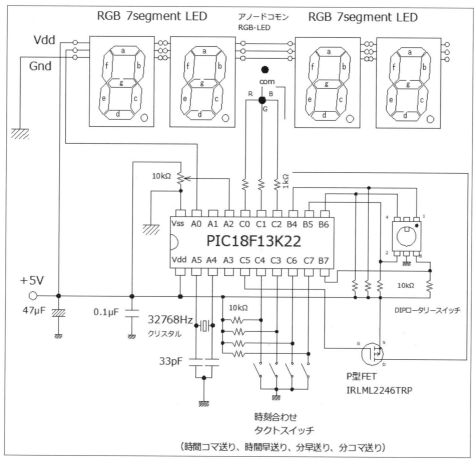

図4-3 「RGB 7セグメントLED」クロック回路図

第4章 PICで作る＜RGBフルカラー＞「7セグメントLEDクロック」

「7セグメントLED」への信号線は、電源の「＋」と「－」を含めてたったの3本なので、通常の「単色7セグメントLED」を使った時計の回路製作よりも楽にできます。

コロン点滅用のRGB-LEDは、「アノード・コモン」のものを2つ付けます。

表示色を変更するための「DIPロータリー・スイッチ」は、「0～15（F）」までの16切り替えのもので、「負論理」のものを使います。

＊

なお、このPICは「PICKit3」などを使ってプログラムを書き込むため、「PICKit3」と接続するための「ピンヘッド」を取り付ける必要があります。

接続は、次の図のようになります。

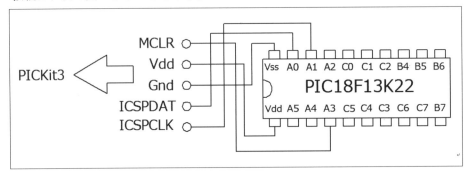

図4-4 「PICKit3」との接続

図4-5 回路基板

[4-2] 使用するCPU

　4つの「RGB7 7セグメントLED」は、次の写真のように、「ピン・ソケット」で、チェーン状に接続していきます。

　基板から最初の「7セグメントLED」に接続する線には、「シールド線」を使うとノイズの影響を最小限に抑えられます。

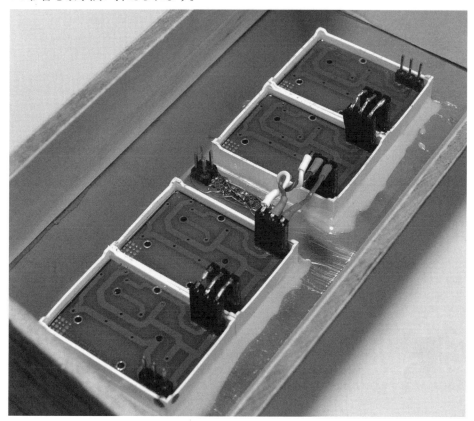

図4-6　チェーン状につなぐ

第4章 PICで作る＜RGBフルカラー＞「7セグメントLEDクロック」

4-3 部品表

次に部品表を示します。

表4-1 「RGB　7セグメントLED」クロックに必要な主部品

材料・部品	型番等	秋月通販コード	単価	数量	金額	主な購入店
CPU	PIC18F13K22	I-05846	180	1	180	秋月電子
P型FET	IRLML2246TRPBF	I-06048	20	1	20	〃
クリスタル	32768Hz	P-04005	30	1	30	〃
ICソケット	20Pin	P-00009	10	1	10	〃
RGB 7セグメントLED	―	I-12181	1280	4	5,120	〃
RGB LED（コロン用）	OSTBABS4C2B	I-06117	40	2	80	〃
カーボン抵抗	10kΩ 1/6W〜1/4W	R-16103	1	8	8	〃
〃	1kΩ 1/6W〜1/4W	R-16102	1	4	4	〃
積層セラミックコンデンサ	0.1μF	P-00090	10	1	10	〃
〃	33pF	P-05109	10	2	20	〃
ボリューム（半固定抵抗）	10kΩ	P-03277 P-00246	40	1	40	〃
電解コンデンサ	47μF 16V	P-00090	10	1	10	〃
DIPロータリー	0〜F 負論理	P-02277	150	1	150	〃
タクト・スイッチ	赤・青・黄色・緑など	P-03646 P-03649 P-03650 P-03651	10	4	40	〃
パワーグリッド基板	47mm×72mm	P-07214	140	1	140	〃
				合計	5,862	

[4-4] プログラム

4-4 プログラム

次に、プログラムを示します。

*

使用したコンパイラは、「**CCS-C**」です。

「DIPロータリー・スイッチ」は、「0〜F(15)」まで切り替えられますが、「色」の設定は「0番目(黒)〜11番目」までしか定義していません。

それ以降は、任意に設定してみてください。

```c
//---------------------------------------------------------
// RGB7seg LED clock プログラム   PIC 18F13K22用
// Programmed by  Mintaro kanda
//    for CCS-C コンパイラ    2017/10/22(Sun)
//---------------------------------------------------------
#include <18F13K22.h>
#fuses INTRC_IO,NOWDT,NOPROTECT,BROWNOUT,PUT,NOMCLR,NOCPD
#fuses NOIESO,NOFCMEN
#device ADC=10 //アナログ電圧を分解能10bitで読み出す
#use delay (clock=64000000)//clock 64MHz
#use fast_io(a)
#use fast_io(b)
#use fast_io(c)
                  // 0    1    2    3    4    5    6    7    8    9
const int seg[10]={0x3f,0x06,0x5b,0x4f,0x66,0x6d,0x7d,0x07,0x7f,0x6f};
                     //   黒          赤          緑          青
const int color[16][3]={{0x0,0x0,0x0},{0x0,0x10,0x0},{0x10,0x0,0x0},
{0x0,0x0,0x10},
                     //   黄色         紫          水色          白
                  {0x10,0x10,0x0},{0x0,0x10,0x10},{0x10,0x0,0x10},
{0x10,0x10,0x10},
                  //オレンジ  エメラルドグリーン  ピンク  ラベンダー
                  {0x10,0x20,0x0},{0x20,0x0,0x10},{0x10,0x20,0x10},
{0x0,0x10,0x20}};

int keta[4]={0,0,2,1};//スイッチONで12：00に設定
int count=0,byou=0;

#int_timer1 //タイマ1割込み処理
void byo(void){
    set_timer1(0xF000);
    count++;
}
void bit(int data)
{
    signed int i;
    int a=0x80;
```

53

第4章 PICで作る＜RGBフルカラー＞「7セグメントLEDクロック」

```c
        for(i=0;i<8;i++){
            if(data & a){
                output_high(PIN_A0);
                delay_cycles(12);
                output_low(PIN_A0);
                delay_cycles(6);
            }
            else{
                output_high(PIN_A0);
                delay_cycles(6);
                output_low(PIN_A0);
                delay_cycles(12);
            }
            a>>=1;
        }
}
void reset(void)
{
    output_low(PIN_B6);
    delay_us(50);
}
void disp(int iro,long value){
  signed int i,j,k;
  int senddata[4][8][3],sd;

    set_pwm1_duty(1023-value);//点滅コロンの輝度調整

    for(j=0;j<4;j++){
      for(k=0;k<3;k++){
        sd=seg[keta[j]];
        for(i=0;i<8;i++){
            if((sd & 0x1) && (j!=3 || keta[3]!=0)){//最上位の0は点灯させない
                if(color[iro][k]!=0) senddata[j][i][k]=color[iro][k] + value;
                else senddata[j][i][k]=color[iro][k];
            }
            else{
                senddata[j][i][k]=color[0][k];
            }
            sd>>=1;
        }
      }
    }

    for(i=3;i>=0;i--){//時計の4桁を上位桁から表示
      bit(senddata[i][0][0]);bit(senddata[i][0][1]);bit(senddata[i][0][2]);//a
      bit(senddata[i][1][0]);bit(senddata[i][1][1]);bit(senddata[i][1][2]);//b
      bit(senddata[i][2][0]);bit(senddata[i][2][1]);bit(senddata[i][2][2]);//c
      bit(senddata[i][3][0]);bit(senddata[i][3][1]);bit(senddata[i][3][2]);//d
```

[4-4]　プログラム

```
    bit(senddata[i][4][0]);bit(senddata[i][4][1]);bit(senddata[i][4][2]);//e
    bit(senddata[i][5][0]);bit(senddata[i][5][1]);bit(senddata[i][5][2]);//f
    bit(senddata[i][6][0]);bit(senddata[i][6][1]);bit(senddata[i][6][2]);//g
    bit(senddata[i][7][0]);bit(senddata[i][7][1]);bit(senddata[i][7][2]);//dot
  }
 reset();
}
void colon(int iro)//コロンの点滅
{
 if(count>5){//5の値を小さくすると点滅中の点灯時間が長くなる
    switch(iro){
        case 1:output_low(PIN_C0);break;//コロンLED点滅用　赤
        case 2:output_low(PIN_C1);break;//コロンLED点滅用　緑
        case 3:output_low(PIN_C2);break;//コロンLED点滅用　青
        case 4:output_low(PIN_C0);
               output_low(PIN_C1);break;//コロンLED点滅用　黄色
        case 5:output_low(PIN_C0);
               output_low(PIN_C2);break;//コロンLED点滅用　紫
        case 6:output_low(PIN_C1);
               output_low(PIN_C2);break;//コロンLED点滅用　水色
        default:output_low(PIN_C0);
               output_low(PIN_C1);//コロンLED点滅用
               output_low(PIN_C2);//コロンLED点滅用　白色
    }
  }
  else{
     output_high(PIN_C0);
     output_high(PIN_C1);
     output_high(PIN_C2);
  }
}
void main()
 {
    int i,color=2,colorb=0,defsw=0;
    int ketaback[4];
    long value=0,valueb;
     set_tris_a(0x3c);//
    set_tris_b(0xf0);//
    set_tris_c(0xd8);//

    setup_adc(ADC_CLOCK_INTERNAL);//ADCのクロックを内部クロックに設定
    setup_adc_ports(sAN2);//アナログ端子をRA2に設定

    setup_oscillator(OSC_64MHZ);
    setup_ccp1(CCP_PWM);
    setup_timer_2(T2_DIV_BY_16,255,1);//PWM周期T=1/64MHz×16×4×(255+1)
                                 //          =256μs(3.906kHz)
                                //デューティーサイクル分解能
```

55

第4章　PICで作る＜RGBフルカラー＞「7セグメントLEDクロック」

```
                                                                   //t=1/64MHz ×
duty×4(duty=0?1023)
    //割り込み設定
    setup_timer_1(T1_EXTERNAL_SYNC | T1_CLK_OUT | T1_DIV_BY_1);
    set_timer1(0xF000); //initial set
    enable_interrupts(INT_TIMER1);
    enable_interrupts(GLOBAL);

    output_c(~0x21);
    set_pwm1_duty(980);

  color=input_b()>>4;
  delay_ms(150);
  disp(color,0);
  while(1){
      colorb=color;
      valueb=value;
      for(i=0;i<4;i++){
          ketaback[i]=keta[i];
      }
      colon(color);
      if(count==8){
        count=0;
        byou++; //1秒をカウント
        if(byou<60) goto EX;

        keta[0]++;
        byou=0;
        if(keta[0]>=10){
          keta[1]++;
          keta[0]=0;
        }
        if(keta[1]>=6){
          keta[2]++;
          keta[1]=0;
        }
        if(keta[2]>=10){
          keta[3]++;
          keta[2]=0;
        }
        if(keta[3]>=2 && keta[2]==4){
          keta[3]=0;
          keta[2]=0;
        }
      }
    //時刻7seg表示
EX:
    //時刻設定用ボタンルーチン（早送り）
```

56

[4-4] プログラム

```c
  if(!input(PIN_C4)){
    keta[2]++;
     if(keta[2]>=10){
       keta[3]++;
       keta[2]=0;
     }
     if(keta[3]>=2 && keta[2]==4){
       keta[3]=0;
       keta[2]=0;
     }
  }
  if(!input(PIN_C6)){
    keta[0]++;
     if(keta[0]>=10){
       keta[1]++;
       keta[0]=0;
     }
     if(keta[1]>=6){
       keta[1]=0;
       keta[0]=0;
     }
  }

  //時刻設定用ボタンルーチン（コマ送り）
  if(!input(PIN_C3)){
    while(!input(PIN_C3));
    keta[2]++;
     if(keta[2]>=10){
       keta[3]++;
       keta[2]=0;
     }
     if(keta[3]>=2 && keta[2]==4){
       keta[3]=0;
       keta[2]=0;
     }
  }
  if(!input(PIN_C7)){
    while(!input(PIN_C7));
    keta[0]++;
     if(keta[0]>=10){
       keta[1]++;
       keta[0]=0;
     }
     if(keta[1]>=6){
       keta[1]=0;
       keta[0]=0;
     }
  }
```

第4章 PICで作る＜RGBフルカラー＞「7セグメントLEDクロック」

```
    defsw=0;
    for(i=0;i<4;i++){
        if(keta[i]!=ketaback[i]){
            defsw=1;
        }
    }
    color=input_b()>>4;

    //VRの値を読んで輝度を設定する
    set_adc_channel(2); //ADCを読み込むピンを指定
    delay_us(40);
    value = read_adc(); //読み込み
    value/=8;//表示のちらつきが大きいときは、8の値を大きくする
    value*=8;//輝度の調整を細かくしたいときは、8の値を小さくする
    if(value>=0x30) value-=0x30;

    if(defsw!=0 || color!=colorb || value!=valueb){
        disp(color,value);
    }
  }
}
```

＊

それから、プログラム中の次のコードについて、少しだけ解説します。

＊

「disp」関数の最後のほうに、**リスト1**のような「時計の各桁」を表示するためのルーチンがあります。

【リスト1】「時計の各桁」を表示するルーチン

```
for(i=3;i>=0;i--){//時計の4桁を上位桁から表示
  bit(senddata[i][0][0]);bit(senddata[i][0][1]);bit(senddata[i][0][2]);//a
  bit(senddata[i][1][0]);bit(senddata[i][1][1]);bit(senddata[i][1][2]);//b
  bit(senddata[i][2][0]);bit(senddata[i][2][1]);bit(senddata[i][2][2]);//c
  bit(senddata[i][3][0]);bit(senddata[i][3][1]);bit(senddata[i][3][2]);//d
  bit(senddata[i][4][0]);bit(senddata[i][4][1]);bit(senddata[i][4][2]);//e
  bit(senddata[i][5][0]);bit(senddata[i][5][1]);bit(senddata[i][5][2]);//f
  bit(senddata[i][6][0]);bit(senddata[i][6][1]);bit(senddata[i][6][2]);//g
  bit(senddata[i][7][0]);bit(senddata[i][7][1]);bit(senddata[i][7][2]);//dot
  }
```

このルーチンは、「3次元配列」を使っていて、「senddata」の値を「bit」関数に送り込むものですが、今回のプログラムにおいては、「単ループ処理」をしています。

配列の添え字をざっと見ると、次のように、3重ループを使って、もっとスッキリと書けるのではないかと思った方も多いのではないでしょうか。

```
for(i=3;i>=0;i--){//時計の4桁を上位桁から表示
  for(j=0;j<8;j++){
    for(k=0;k<3;k++){
      bit(senddata[i][j][k]);
    }
  }
}
```

たしかに意味としては、まったく等価です。

しかし、このようにスッキリ書くと、残念ながら、動作しないのです。
この辺りが、マイコンを使ったプログラムの難しいところです。
＊
なぜ、このように書くと動作しないのかは、実際に出力された波形を見れば、一目瞭然です。

結論から言えば、「RGB」の3つのデータの伝送にタイムラグが生じていて、「RGB 7セグメント LED」に内蔵されているマイコンが、データを正しく捉えられないためと思われます。

解決策を見れば、「なんだそんなことか」となるでしょう。

しかし、このような不具合を修正するのは、なかなか厄介なことで、最初は対処法が見つからず、時間だけが経過していってしまいます。

今回のこのようなプログラム事例も、参考にしていただければと思います。

■ ケース加工

「デジタル時計」の機能においては、「多色表示」は必須ではありません。
その意味からすれば、今回の「フルカラーLEDクロック」は、アート的なものとも言えます。
そのため、ケースもそれなりにアートな作品にすると、より良いものになります。
＊
冒頭に掲載したケースのおおよその図面を示します。
ちょっと変わった表示のできる「フルカラーLEDクロック」用に、みなさんも奇抜なケースを設計してみてはいかがでしょうか。

第4章 PICで作る＜RGBフルカラー＞「7セグメントLEDクロック」

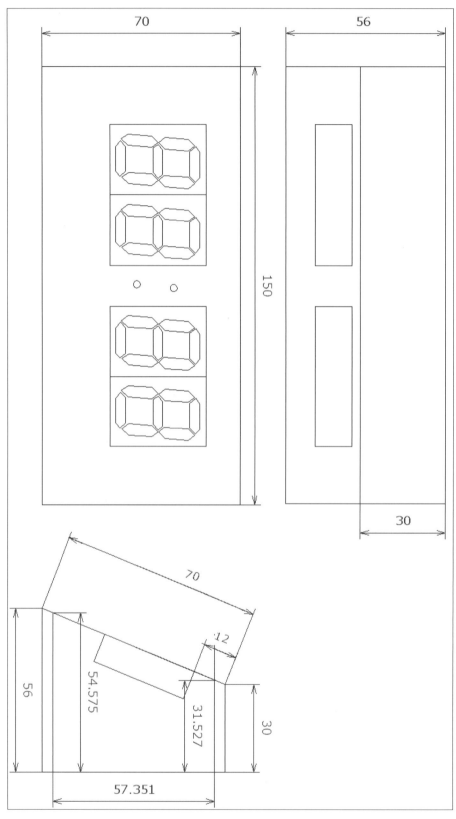

図4-7

第5章

「RGBドットマトリクスLED」カラー表示パネルの駆動

5章では、「32×32ドットRGB－LEDパネル」を使ってみます。

図5-1　カラー表示例

5-1　材料

■製作に使うもの

今回、点灯実験に使うものは、「共立エレキショップ」で4,860円で販売されている「KP-3232D」という製品です。

図5-2　モジュールの表面と裏面

61

第5章　「RGBドットマトリクスLED」カラー表示パネルの駆動

「高い！」と思うかもしれませんが、ドット数「8×8」のRGB－LEDモジュールだと、価格は1個1,000円程度です。

それが、16個分あるわけですから、逆に安いと言えます。

また、表示に必要なケーブルまで付属してくるので、さらに割安感があります。

＊

しかも、この製品は、単なる「ドットマトリクスLED」ではなく、「制御基板」が付いた「モジュール」になっており、マイコンなどからのシリアル信号を送るだけで点灯できます。

パネルのサイズは、縦横がそれぞれ「19.5cm」あり、「32×32」というドット数にしても、やや大きめです。

■「SPIシリアル通信」で制御？

パネルの説明書には点灯させるための制御方法として、「SPIシリアル通信」を使うとあります。

そこで、最初はそれを信じて、PICの「SPIシリアル接続」を行なってみることにしました。

＊

使用するPICは「PIC18F23K22」で、秋月電子では1個180円で販売されています。

このチップを使う理由は、安価ということに加えて、「SPI通信機能」を備えていることは当然ながら、内部オシレータに「64MHz」を備えているためです。

「シリアル通信」では、今回のように多くのドットデータを送るために、できるだけ高速な通信が必要になります。

従って、「64MHz」というクロックを使えることは非常に重要になってきます。

しかし、後で解説しますが、文字の表示やカラー表示を行なう最終実験では、結果的には、まったく「SPI通信機能」を使わずに行なうことになりました。

＊

結論として、必要なPICの機能条件は、以下の2点のみです。

---

①「13ポート」以上の出力ポートが確保できること。

　（できれば、「A、B、Cポート」があると、プログラムがしやすい）

②メイン・クロックは、「32MHz」以上の設定ができること。

つまり、最初の実験では、「SPI通信機能」を使っていますが、あまり本来的な使い方をしていません。

そして、その後の「文字を表示する」と「カラー・キャラクターを表示する」の2つの実験では、「SPI通信機能」を使っていません。

*

以上から、「SPI通信機能」のないPICでも実験はできますが、「メイン・クロック」だけは、「32MHz」以上でないと、表示画面のチラツキが多くなります。

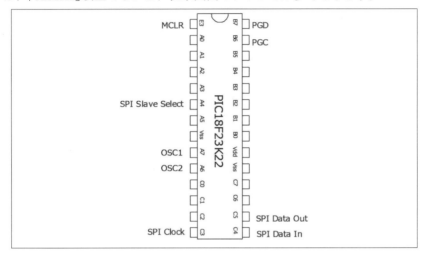

図5-3　「PIC18F23K22」の主なピン配置

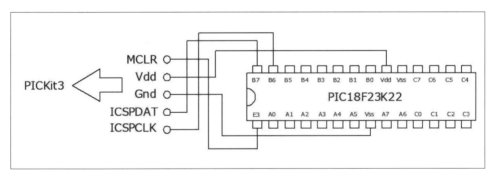

図5-4　「Pickit3」との接続

第5章 「RGBドットマトリクスLED」カラー表示パネルの駆動

■「点灯」のための「テスト回路」

「点灯」のための「テスト回路」を、図に示します。

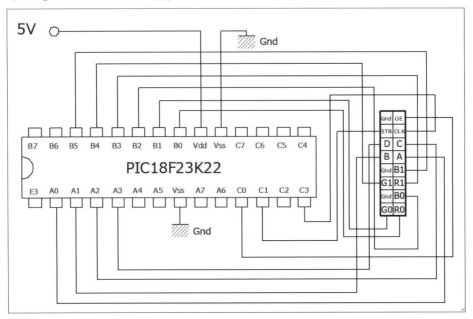

図5-5 点灯のためのテスト回路

PICの各ピンと、「KP-3232D」(以降、「RGBドットパネル」)の信号ケーブルコネクタを接続するための「ピン・ヘッダ」だけです。

図5-6 「点灯テスト」の回路基板

なお、「RGBドットパネル」に付属する説明書には、16ピンコネクタに3箇所の空欄があります。

[5-1] 材　料

その部分は「GND」なので、テスト回路基板上では、その3箇所を「GND」(マイナス)に接続してください。

＊

回路基板が完成したら、「RGBドットパネル」に付属してくる「フラット・ケーブル」で、回路基板の「ピン・ヘッダ」に接続します。

「フラット・ケーブル」には、「Vcc(+5V)」端子はないので、回路基板上のPICには、別途「5V」の電源を接続してやる必要があります。

「Pickit3」に接続してプログラムを書き込むときは、「Pickit3」から5Vの電源を供給すればOKです。

もちろん、「RGBドットパネル」に供給している「+5V」と、共有してもかまいません。

図5-7　「テスト回路」と「パネル」の接続

第5章 「RGBドットマトリクスLED」カラー表示パネルの駆動

5-2　単色点灯

■ パネルの点灯に必要な「5V電源」

　パネルの説明書にもありますが、このパネルを点灯させるには、「5V－3A」程度の電源が必要になります。

　私は、余裕をもって、秋月電子で販売されている、4Aタイプの「STD-05040U」を使いました。

図5-8　5V-4AスイッチングACアダプタ

※パネル1枚ならば「3A」あればいいので、「STD-05030U」という製品でも問題ありません。

　「RGBドットパネル」には、電源用の太いケーブルも付属してくるので、それに、「5V－3A」以上のACアダプタを接続します。

　私は、DCジャックに「シーソー・スイッチ」を接続して、パネルへの電力をオンオフできるようにしましたが、このスイッチは必ずしも必要ではありません。

■ 単色面点灯テストプログラム

　単色で全面を点灯させるためのテストプログラムを示します。
　このプログラムは、RGBの各色を単純に組み合わせて、「赤」「緑」「青」「黄色」「紫」「水色」「白」で点灯させるものです。

＊

　「CCS-C」には、SPI制御用の関数があるので、プログラムは至極単純に記述できます。

　「SPI通信」は、「シリアル通信」ですが、実際に「RGBドットパネル」に送るデータは、「上16ドットぶん」のRGBデータはPICの「B0～B2」で、「下16ドットぶん」は「B3～

[5-2] 単色点灯

B5」です。

　それぞれ3ビットで供給するので、あまりシリアル送信しているような感覚ではありません。

　そのため、肝心の「spi_write( )」で送る1バイトデータは、ダミーとなります。

　関数の引数部分には何の数値を入れても、意味をもちません。
　しかし、意味をもたないと言っても、「spi_write( )」の記述自体を記述しないと、クロックが発生しないので、記述の必要はあります。

＊

　プログラムでは、約1秒ごとに色を変えるようにしています。

　1秒の時間は、「j」のループで簡易的に作っています。
　ある程度、正確に時間待ち設定をしたい場合は、「割り込み」を使います。

　また、この「RGBドットパネル」では、同時に点灯できるのは、パネルにある32ライン中、「上段1ライン」と「下段1ライン」だけです。

　そのため、最も内側の「i」ループ(0～15)で、点灯させるLINEをセレクトしています。
　そして、「1／1000」秒の高速で、点灯させるLINEを切り替えています。

```
//-----------------------------------------------------------------
// RGB-DotMatrix 点灯テストプログラム　PIC 18F23K22用
// Programmed by　Mintaro kanda　メイン・クロック 64MHz
//    for CCS-C コンパイラ
//     2018/4/30(Mon)
//   C0:out Enable（LowでON）　C1:Data Latch
//   C3:SPI Clock
//-----------------------------------------------------------------
#include <18F23K22.h>
#fuses INTRC_IO,NOWDT,NOPROTECT,BROWNOUT,PUT,NOMCLR,NOCPD
#fuses NOIESO,NOFCMEN
#use delay (clock=64000000)//clock 64MHz
#use fast_io(a)
#use fast_io(b)
#use fast_io(c)
//         赤  緑  青  黄色 紫 水色 白
int data[]={0x09,0x12,0x24,0x1b,0x2d,0x36,0x3f};
void main()
  {
    int i,j,k;
    set_tris_a(0x0);//
```

第5章 「RGBドットマトリクスLED」カラー表示パネルの駆動

```c
    set_tris_b(0x0);//
    set_tris_c(0x0);//
    setup_adc_ports(NO_ANALOGS);
    setup_oscillator(OSC_64MHZ);
    setup_spi(SPI_MASTER | SPI_SCK_IDLE_LOW);//SPI機能を使うための設定
    output_a(0);
    output_b(0);
    output_c(0);

    while(1){
      for(k=0;k<7;k++){//色を変化させるためのループ
       for(j=0;j<64;j++){//時間待ちのループ（約1秒ごとに色が変化）
        for(i=0;i<16;i++){//ライン送りのためのループ
            output_a(i);
            output_b(data[k]);
            output_high(PIN_C1);//データ送信
            spi_write(0);//SPI制御クロックを出力するための記述
            output_low(PIN_C0);//点灯
            output_low(PIN_C1);//データラッチ
            delay_ms(1);  //   1/1000秒だけ点灯
            output_high(PIN_C0);//消灯
        }
       }
      }
    }
}
```

■「単色文字」点灯テストプログラム

「単色」で全面を点灯するのは、あくまでも動作チェックです。

このパネルが本領を発揮するのは、当然、ドットごとに色を変えて表示する場合なのは、言うまでもありません。

＊

では、次にその実験をしてみましょう。

そのためには、カラーの「RGBデータ」を作らなくてはなりませんが、非常に大変なので、まず「単色」で簡単な文字を表示させることで、「データの送り方」の基本をマスターしましょう。

パネルのドット数は「32×32」なので、「16×16ドット」の部分に1文字ずつ、合計4つの文字を表示してみます。

最初は、単純に「赤一色」で行ないます。

68

表示する4文字は、熟語の「三日坊主」にします。
(特に意味はありませんが、あまり画数の多くないものを選びました)。

1文字を「16×16ドット」で表わすと、次のようになります。

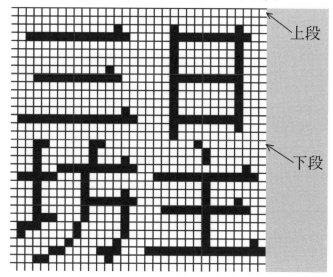

図5-9 「三日坊主」ドットデータ

これを左上から右に4バイトずつ(8ドットで1バイト)、「16進数」でデータ化して、順次下段へ進めていくと、次のようになります。

> ※8ドットを「2進数」で読むときは、最右ビットを「最上位ビット」として読みます。 最左は「最下位ビット」になります。

*

まず、いちばん上の行の{R,G,B}データは、赤の単色なので、上段は、

{{0,0,0},{0,0,0},{0,0,0},{0,0,0}}

下段は、

{{0x18,0,0},{0x0C,0,0},{0x80,0,0},{0x0,0,0}}

です。

同様にして、次の段は、上段は、

{{0,0,0},{0,0,0},{0,0,0},{0,0,0}}

下段は、

{{0x08,0,0},{0x04,0,0},{0x0,0,0},{0x01,0,0}}

です。

*

第5章 「RGBドットマトリクスLED」カラー表示パネルの駆動

　単色のデータの場合、「RGB」のどれか1つの成分以外は「0」になります。

　「G」「B」のデータを省略して、「R」のデータ8ドットを1バイトデータとして、「横一列4バイト」でデータ化すると、**リスト1**のようになります。

【リスト1】「赤一色」で表示した場合

```
{0x0,0x0,0x0,0x0},{0x0,0x0,0x0,0x0},{0x0,0x20,0x10,0x10},{0xfc,0x7f,0xf0,0x3f},
{0x0,0x0,0x10,0x10},{0x0,0x0,0x10,0x10},{0x0,0x0,0x10,0x10},{0x0,0x10,0x10,0x10},
{0xf8,0x3f,0xf0,0x1f},{0x0,0x0,0x10,0x10},{0x0,0x0,0x10,0x10},{0x0,0x0,0x10,0x10},
{0x0,0x40,0x10,0x10},{0xfe,0xff,0xf0,0x1f},{0x0,0x0,0x10,0x10},{0x0,0x0,0x10,0x0},
{0x18,0xc,0x80,0x0},{0x8,0x4,0x0,0x1},{0x8,0x44,0x0,0x1},{0xc8,0xff,0x0,0x20},
{0x3e,0x2,0xfc,0x7f},{0x8,0x2,0x0,0x1},{0x8,0x42,0x0,0x1},{0x8,0xfe,0x0,0x11},
{0x8,0x42,0xf8,0x3f},{0x38,0x42,0x0,0x1},{0xe,0x41,0x0,0x1},{0x2,0x41,0x0,0x1},
{0x80,0x20,0x0,0x41},{0x60,0x38,0xfe,0xff},{0x18,0x10,0x0,0x0},{0x0,0x0,0x0,0x0}
```

> ※紙面の関係上、横4列ぶんを1行で記載。
> 「0x」はC言語における「16進表記」という意味。
> たとえば、「0xfe」は「fe」(16進)ということ。

＊

　このデータを使って、パネルに表示するためのプログラムを、**リスト2**に掲載します。

　単色であれば、「赤」「緑」「青」のどれでも表示できます。
(プログラム中の「//」を外した行が、有効になります)。

```
od=(data1 & 0x1) | ((data2 & 0x1)<<3);//赤で表示
//od=(data1 & 0x1)<<1 | ((data2 & 0x1)<<4);//緑で表示
//od=(data1 & 0x1)<<2 | ((data2 & 0x1)<<5);//青で表示
```

＊

　そして、これら1バイトのデータから、1ビットごとのドットデータを切り出して、順次パネルに転送します。

　1クロックで、上段ラインの「R0」「G0」「B0」、下段ラインの「R1」「G1」「B1」のドット、計6bitデータを送ります。

　SPI用の関数「spi_write()」を使おうとしましたが、パネルに送るデータは「R0」「G0」「B0」「R1」「G1」「B1」の6ビットのデータを、「SPI1クロック」でパネルの指定した6端子に同時に送る仕様になっています。
　なので、PICの「SPIデータ出力端子」(C4)の1ビットではどうにもなりません。

　そこで、クロックを自前で生成する方法にしました。

70

「spi_write()」を実行したときに発生するクロックよりはかなり遅いですが、表示には問題ありません。

クロックが遅くなるのは、送信するデータの生成(1バイトのデータから、1ビットのデータを切り出すのに要すること)に時間がかかっていることに原因があります。

そのため、処理の遅さが表示に影響するようであれば、データの生成を工夫する必要が出てきます。

図5-10 パネルに「文字データ」を表示したところ

【リスト2】「単色文字」点灯テストプログラム

```
//------------------------------------------------------------
// RGB-DotMatrix データキャラクタ単色表示テストプログラム   PIC 18F23K22用
// Programmed by  Mintaro kanda   メイン・クロック 64MHz
//    for CCS-C コンパイラ
//      2018/5/4(Fri)
//    C0:out Enable（LowでON）   C1:Data Latch
//    C3:SPI Clock
//------------------------------------------------------------
#include <18F23K22.h>
#fuses INTRC_IO,NOWDT,NOPROTECT,BROWNOUT,PUT,NOMCLR,NOCPD
#fuses NOIESO,NOFCMEN
#use delay (clock=64000000)//clock 64MHz
#use fast_io(a)
#use fast_io(b)
#use fast_io(c)
const int data[][4]={
{0x0,0x0,0x0,0x0},{0x0,0x0,0x0,0x0},{0x0,0x20,0x10,0x10},{0xfc,0x7f,0xf0,0x3f},
{0x0,0x0,0x10,0x10},{0x0,0x0,0x10,0x10},{0x0,0x0,0x10,0x10},{0x0,0x10,0x10,0x10},
```

第5章 「RGBドットマトリクスLED」カラー表示パネルの駆動

```c
{0xf8,0x3f,0xf0,0x1f},{0x0,0x0,0x10,0x10},{0x0,0x0,0x10,0x10},{0x0,0x0,0x10,0x10},
{0x0,0x40,0x10,0x10},{0xfe,0xff,0xf0,0x1f},{0x0,0x0,0x10,0x10},{0x0,0x0,0x10,0x0},
{0x18,0xc,0x80,0x0},{0x8,0x4,0x0,0x1},{0x8,0x44,0x0,0x1},{0xc8,0xff,0x0,0x20},
{0x3e,0x2,0xfc,0x7f},{0x8,0x2,0x0,0x1},{0x8,0x42,0x0,0x1},{0x8,0xfe,0x0,0x11},
{0x8,0x42,0xf8,0x3f},{0x38,0x42,0x0,0x1},{0xe,0x41,0x0,0x1},{0x2,0x41,0x0,0x1},
{0x80,0x20,0x0,0x41},{0x60,0x38,0xfe,0xff},{0x18,0x10,0x0,0x0},{0x0,0x0,0x0,0x0} };

void main()
  {
    int i,j,k,od;
    int data1,data2;
    set_tris_a(0x0);//
    set_tris_b(0x0);//
    set_tris_c(0x0);//
    setup_adc_ports(NO_ANALOGS);
    setup_oscillator(OSC_64MHZ);
    output_a(0);
    output_b(0);
    output_c(0);

    while(1){
        for(k=0;k<16;k++){//Line点灯ループ
            output_a(k);
            output_low(PIN_C1);//データ送信
            for(j=0;j<4;j++){//横4ブロック分のデータ取り出し
               data1=data[k][j];
               data2=data[k+16][j];
               for(i=8;i>0;i--){//1bit取り出しのためのループ
                   od=(data1 & 0x1) | ((data2 & 0x1)<<3);//赤で表示
                   //od=(data1 & 0x1)<<1 | ((data2 & 0x1)<<4);//緑で表示
                   //od=(data1 & 0x1)<<2 | ((data2 & 0x1)<<5);//青で表示
                   output_b(od);

                   //SPIクロック生成
                   output_high(PIN_C3);
                   data1>>=1;
                   data2>>=1;
                   output_low(PIN_C3);
               }
            }
        output_high(PIN_C1);//データラッチ
        output_low(PIN_C0);//点灯
        delay_ms(1);  //  1/1000秒だけ点灯
        output_high(PIN_C0);//消灯
      }
    }
}
```

5-3 カラー点灯

[5-3] カラー点灯

■「カラー・キャラクター」点灯テストプログラム

「テスト・パターン」として、オリジナルの「カラー・キャラクター」を作ります。

「RGBドットパネル」のカラー表示のポイントがいくつかあるので、説明します。
＊
「RGBドットパネル」の説明書では、パネルに表示データを送る手段として、「SPIインターフェイスで制御」と記述されています。

そのため、表示データは「PIC18F23K22」では「C5端子」から送信するものだと思いました。

ところが、よく説明書を読んでみると、パネルのデータ受信のためのポートは、「1ポート」ではなく、独立して「6ポート」(R0、G0、B0、R1、G1、B1)あることが分かりました。

そして、この「6ポート」に同時にデータを設定して、「SPIクロック」1つで「1ドットデータ」の送信が完了することも判明。

「パラレル通信」ならば簡単ですが、「シリアル通信」では、クロック1つで1ビットぶんのデータしか送ることができず、6ビット同時には送れません。

そこで、「CCS-Cコンパイラ」にある「spi_write ( )」関数の( )内に、6ビットぶんのデータを書けばよさそうに思います。

しかし、そのデータは「C5ポート」からシリアルで出てくるため、それをパネル側の6ポートに振り分けなければなりません。

きっと何か方法はあると思いますが、今回は関数を使わずに自前でデータを送信する方法(クロックを自前で発生させるだけ)を採ることにしました。
＊
ここで、実際の「SPIクロック」がどれぐらいのスピード(周波数)で送り出されているものなのかを見てみることにしましょう。

PICが「spi_write ( )」を実行したときに発生するクロックの周波数を測定してみました。

PICのクロック設定は、「64MHz」です。

第5章 「RGBドットマトリクスLED」カラー表示パネルの駆動

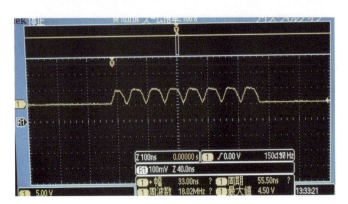

図5-11　メイン・クロック「64MHz」のときのSPIクロック

　上記のように、8パルスが「16MHz」で出ていることが分かります（波形がかなりなまっています）。

　ちなみに、PICのクロック設定を変えたときのパルスの周波数は、次のようになりました。

- 64MHz（PICのクロック）…16MHz
- 32MHz…8MHz
- 16MHz…4MHz
- 8MHz…2MHz
- 4MHz…1MHz

　さらに、「setup_spi()」関数内でプリスケーラ指定を行なうことで、メイン・クロックの「1/64」「1/16」「1/4」の指定ができます。

```
setup_spi(SPI_MASTER | SPI_CLK_DIV_16 | SPI_SCK_IDLE_LOW);
```

　メイン・クロックを「64MHz」で動作させている場合は、SPIクロックは「16MHz」もあります。

　ただし、波形がなまっているので、かなり高速ではありますが、使えない可能性もあります。

　SPIの最大通信速度は「数M」と言われているので、実際には最速でも「8MHz」ぐらいで使うことになるでしょう。

＊

　シリアル通信を行なう場合、1バイトのデータを送るに要する時間は、この8倍になるので、このクロックが速いにこしたことはありません。

　しかし、前述したように、この「8MHz」のクロックで、「6bitのRGBデータ」を送る方法が見つからず、結局、自前でクロックを作ることにしました。

[5-3] カラー点灯

自前でクロックを作り、それに合わせて「6bitデータ」を設定してやるだけです。

最初は、SPIのクロックポートである「C3ポート」を使う予定だったので、そのまま、この「C3ポート」を使って、自前のクロックを出力してやります。

*

「クロックを作る」と言っても、特別なことは何もなく、単にC3ポートを「High」にして、微小時間後に「Low」にするだけです。

たとえば、次のようになります。

```
output_high(PIN_C3);
  delay_us(1);
outoput_low(PIN_C3);
  delay_us(1);
```

この設定では、「delay_us(1)」が100万分の1秒であることから、理論上は「500kHz」のクロックが得られることになります。

*

では、次のプログラムで「クロック」を発生させると、実際はどれぐらいの周波数になるか、確認してみましょう。

その際には、「setup_spi」に「コメント指定」(//)を入れて、無効にしておいてください。

```
//setup_spi(SPI_MASTER   | SPI_SCK_IDLE_LOW);
      :
for(i=8;i>0;i--){
  output_high(PIN_C3);
  delay_us(1);
  output_low(PIN_C3);
  delay_us(1);
}
```

実際に測定してみると、「411kHz」となり、「500kHz」よりは遅くなっています。

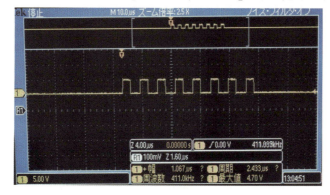

図5-12　実際に測定した理論値「500kHz」の波形

第5章 「RGBドットマトリクスLED」カラー表示パネルの駆動

*

「CCS-Cコンパイラ」では、さらに短い時間待ちをする関数、「delay_cycles()」があります。

これは、PICのメイン・クロックに左右されますが、さらに短い時間待ちを設定できます。

これを使ってみましょう。

```
//setup_spi(SPI_MASTER  | SPI_SCK_IDLE_LOW);
   :
for(i=8;i>0;i--){
  output_high(PIN_C3);
  delay_cycles(1);
  output_low(PIN_C3);
  delay_cycles(1);
}
```

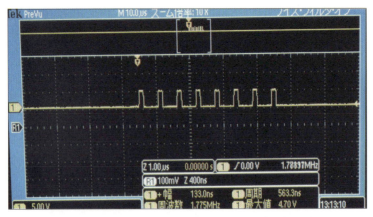

図5-13 「delay_cycles(1)」で「1.77MHz」のクロック

測定から、「1.77MHz」のクロックを生成したことになります。

「delya_cycles(1)」は、メイン・クロックの「1/4」です。
メイン・クロックを「64MHz」にした場合は、「16MHz」が理論値ですが、そこまでにはなりません。

これは、「ループ処理」などに要する時間などの影響を受けるためです。

実際の波形からも分かるように、デューティ比が「50%」になっていません。

SPIのクロックからするとかなり遅いことにはなりますが、この1クロックで、事実上6bitのデータを送れることを考えれば、OKとすることにしました。

[5-3] カラー点灯

しかし、実際にはクロックを遅くしてしまう要因となるさまざまな重い処理が重なって、M（メガ）オーダーのクロックは実現しません。

なお、実際のプログラム中には、「delay_cycles( )」は含まれていません。
含むまでもなく、重い処理があるので必要ないのです。

＊

結果的に実現できたクロック周波数は、「115kHz」ですが、これでもとりあえず、パネル1枚の表示は問題ありませんでした。

しかし、チラつきのない表示には、メイン・クロックの「64MHz」は必須だと思います。

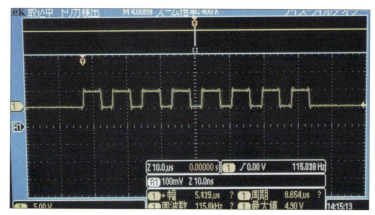

図5-14　パネルのデータ転送に使った実際のクロック波形

では、プログラムを示します。

```
//-----------------------------------------------------------------
// RGB-DotMatrix オリジナルカラーキャラクタ　表示テストプログラム　PIC 18F23K22用
// Programmed by　Mintaro kanda　メイン・クロック 64MHz
//     for CCS-C コンパイラ
//       2018/5/5(Sat)
//    C0:out Enable（LowでON）　C1:Data Latch
//    C3:SPI Clock
//-----------------------------------------------------------------
#include <18F23K22.h>
#fuses INTRC_IO,NOWDT,NOPROTECT,BROWNOUT,PUT,NOMCLR,NOCPD
#fuses NOIESO,NOFCMEN
#use delay (clock=64000000)//clock 64MHz
#use fast_io(a)
#use fast_io(b)
#use fast_io(c)
//
const int data[32][4][3]={ //オリジナルキャラクター・カラーデータ
  {{0x0,0x0,0x0},{0x0,0x0,0x0},{0x0,0x0,0x0},{0x0,0x0,0x0}},
```

第5章 「RGBドットマトリクスLED」カラー表示パネルの駆動

```c
{{0x0,0x0,0x0},{0x0,0x0,0x0},{0x0,0x0,0x0},{0x0,0x0,0x0}},
{{0xe0,0x0,0x0},{0x7,0x0,0x0},{0x0,0xe0,0x0},{0x0,0x7,0x0}},
{{0xf8,0x0,0x0},{0xf,0x0,0x0},{0x0,0xf8,0x0},{0x0,0xf,0x0}},
{{0xfc,0x0,0x0},{0x1f,0x0,0x0},{0x0,0xfc,0x0},{0x0,0x1f,0x0}},
{{0xfc,0x18,0x18},{0x3f,0x6,0x6},{0x18,0xfc,0x18},{0x6,0x3f,0x6}},
{{0xfe,0x3c,0x3c},{0x3f,0xf,0xf},{0x3c,0xfe,0x3c},{0xf,0x3f,0xf}},
{{0xf2,0x30,0x3c},{0x7c,0xc,0xf},{0x30,0xf2,0x3c},{0xc,0x7c,0xf}},
{{0xf2,0x30,0x3c},{0x7c,0xc,0xf},{0x30,0xf2,0x3c},{0xc,0x7c,0xf}},
{{0xfe,0x18,0x18},{0x7f,0x6,0x6},{0x18,0xfe,0x18},{0x6,0x7f,0x6}},
{{0xfe,0x0,0x0},{0x7f,0x0,0x0},{0x0,0xfe,0x0},{0x0,0x7f,0x0}},
{{0xfe,0x0,0x0},{0x7f,0x0,0x0},{0x0,0xfe,0x0},{0x0,0x7f,0x0}},
{{0xfe,0x0,0x0},{0x7f,0x0,0x0},{0x0,0xfe,0x0},{0x0,0x7f,0x0}},
{{0x76,0x0,0x0},{0x6e,0x0,0x0},{0x0,0x76,0x0},{0x0,0x6e,0x0}},
{{0x62,0x0,0x0},{0x46,0x0,0x0},{0x0,0x62,0x0},{0x0,0x46,0x0}},
{{0x0,0x0,0x0},{0x0,0x0,0x0},{0x0,0x0,0x0},{0x0,0x0,0x0}},
{{0x0,0x0,0x0},{0x0,0x0,0x0},{0x0,0x0,0x0},{0x0,0x0,0x0}},
{{0x0,0x0,0x0},{0x0,0x0,0x0},{0x0,0x0,0x0},{0x0,0x0,0x0}},
{{0xe0,0xe0,0x0},{0x7,0x7,0x0},{0x0,0xe0,0xe0},{0x0,0x7,0x7}},
{{0xf8,0xf8,0x0},{0xf,0xf,0x0},{0x0,0xf8,0xf8},{0x0,0xf,0xf}},
{{0xfc,0xfc,0x0},{0x1f,0x1f,0x0},{0x0,0xfc,0xfc},{0x0,0x1f,0x1f}},
{{0xfc,0xfc,0x18},{0x3f,0x3f,0x6},{0x18,0xfc,0xfc},{0x6,0x3f,0x3f}},
{{0xfc,0xfc,0x3c},{0x3f,0x3f,0x7},{0x3c,0xfe,0xfe},{0xf,0x3f,0x3f}},
{{0xf2,0xf2,0x3c},{0x7c,0x7c,0xf},{0x30,0xf2,0xfe},{0xc,0x7c,0x7f}},
{{0xf2,0xf2,0x3c},{0x7c,0x7c,0xf},{0x30,0xf2,0xfe},{0xc,0x7c,0x7f}},
{{0xfe,0xfe,0x18},{0x7f,0x7f,0x6},{0x18,0xfe,0xfe},{0x6,0x7f,0x7f}},
{{0xfe,0xfe,0x0},{0x7f,0x7f,0x0},{0x0,0xfe,0xfe},{0x0,0x7f,0x7f}},
{{0xfe,0xfe,0x0},{0x7f,0x7f,0x0},{0x0,0xfe,0xfe},{0x0,0x7f,0x7f}},
{{0xfe,0xfe,0x0},{0x7f,0x7f,0x0},{0x0,0xfe,0xfe},{0x0,0x7f,0x7f}},
{{0x76,0x76,0x0},{0x6e,0x6e,0x0},{0x0,0x76,0x76},{0x0,0x6e,0x6e}},
{{0x62,0x62,0x0},{0x46,0x46,0x0},{0x0,0x62,0x62},{0x0,0x46,0x46}},
{{0x0,0x0,0x0},{0x0,0x0,0x0},{0x0,0x0,0x0},{0x0,0x0,0x0}} };


void main()
{
    int i,j,k,n,od;
    int data1[3],data2[3];
    set_tris_a(0x0);
    set_tris_b(0x0);
    set_tris_c(0x0);
    setup_adc_ports(NO_ANALOGS);
    setup_oscillator(OSC_64MHZ);
    output_a(0);
    output_b(0);
    output_c(0);

    while(1){
      for(k=0;k<16;k++){//Line点灯ループ
```

[5-3] カラー点灯

```
            output_a(k);
            output_low(PIN_C1);//データ送信
            for(j=0;j<4;j++){//横4ブロック分のデータ取り出し
                for(n=0;n<3;n++){
                    data1[n]=data[k][j][n];
                    data2[n]=data[k+16][j][n];
                }
                for(i=8;i>0;i--){//1bit取り出しのためのループ
                    od=( (data1[0] & 0x1)    | (data2[0] & 0x1)<<3
                       | (data1[1] & 0x1)<<1 | (data2[1] & 0x1)<<4
                       | (data1[2] & 0x1)<<2 | (data2[2] & 0x1)<<5 );
                    output_b(od);
                    //SPIクロック生成
                    output_high(PIN_C3);
                    for(n=0;n<3;n++){
                        data1[n]>>=1;data2[n]>>=1;
                    }
                    output_low(PIN_C3);
                }
            }
        output_high(PIN_C1);//データラッチ
        output_low(PIN_C0);//点灯
        delay_us(500); //  1/2000秒だけ点灯
        output_high(PIN_C0);//消灯
    }
  }
}
```

79

第5章 「RGBドットマトリクスLED」カラー表示パネルの駆動

5-4　表示パターン・エディタ

　今回表示に使った「32×32ドット」のRGBパネルに画像を表示するには、「RGBの成分ごとのデータ」を作らなくてはなりません。

　「赤、緑、青」だけであれば、比較的簡単ですが、それらを組み合わせた「黄色」や「紫」「水色」などの色のデータとなると、手作業でデータを作るのは大変です。

　そこで、Windowsパソコンでこのパネルに表示するためのデータを簡単に作れる、「RGBカラーパターン・エディタ」を作りました。

　これを使って表示したいパターンを作り、保存すると、PIC用のCプログラムで即利用可能な「データ定義ファイル」も生成してくれます。

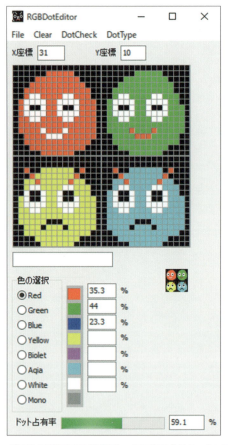

図5-15　パネルに表示する画像データを作る「パターン・エディタ」

*

　使い方は、説明の必要もないぐらい簡単で、マウスで色を選択して、「32×32」のマスをクリックしていくだけです。

[5-4] 表示パターン・エディタ

　パターンが完成したら、メインメニューの[File]から、[save(別名で保存)]を選んで、適当なファイル名を付けて保存します。
　ファイル名には、拡張子は付けません。

図5-16　ファイルを別名で保存

　この操作で、実際にファイル名を「オリジナルキャラ」として保存したとします。

　すると、保存したフォルダには、「オリジナルキャラ.dat」と「オリジナルキャラ.txt」という2つのファイルが生成されます。

　「.dat」ファイルは、「バイナリ・ファイル」で、この「パターン・エディタ」のプログラムで、再び保存した画像を読み込むときに利用するものです。

　「.txt」ファイルは、PICのCプログラムで利用可能な「RGBのテキストデータ」になっています。

　データの中身は、8ドットごとの「RGB成分データ」(4ブロック32列ぶん)です。
　「黄色」、「水色」などの色は、「RGBの合成」で表現されています。

　なお、「RGB」の輝度レベル成分はありません。
　単純に「RGB」を組み合わせているだけのデータです。
　　　　　　　　　　　　　　　＊
　この「パターン・エディタ」では、「単色のデータ」を生成することもできます。

　「単色」とは、「赤、緑、青」のいずれかの色で表示したい場合です。

　もちろん、それらの色を選んで単色でデータを生成して保存すれば、データは作れますし、表示も問題なくできます。
　しかし、単色の場合は、他の2つの成分のデータはすべて「0」になるので、それを

第5章 「RGBドットマトリクスLED」カラー表示パネルの駆動

データとしてもつのは無駄ということになります。

そこで、それらのデータを含まないデータファイルを作ることができるようになっています。

やり方は簡単で、「色の選択」で、いちばん下にある「Mono」を選んでから描いてください。

そして、データを保存するときには、「モノクロsave（別名で保存）」を選んでください。

こうすることで、色のデータ成分をもたない、ドットパターンだけのデータが生成されます。

*

なお、保存したデータを読み込むときは、[open（読込）]から「***.dat」を選んでください。

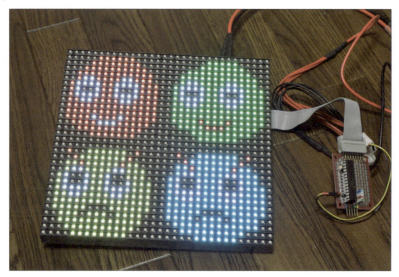

図5-17 完成したパネル

この「RGBドットパネル」は、想像した以上に安価で使いやすいものでした。

このパネルは、付属してくるケーブルでチェーン接続するだけで、複数枚を連結して使うことができます。

もちろん、送り込むデータはシリアルですから、データが増えると、高速制御が要求されます。

なので、高速データ転送のための転送データ生成の高速化などの工夫が必要になってきます。

しかし、うまく利用すれば、最近の鉄道車両で増えてきた、「列車のカラー方向幕」や「駅構内の案内ディスプレイ」を真似たものも、作ることが可能になってくるでしょう。

第6章

PICで「128×32 RGBドットマトリクスLED」カラー表示

> 多くの人が毎日利用するJRや私鉄、地下鉄の車両には、行き先を示す「方向幕」というものがあります。
>
> そこに使われている「RGBドットLEDパネル」を使った「128×32」の「方向幕」について解説をしましょう。

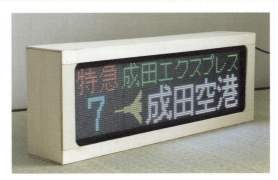

図6-1　RGB方向幕

（作った「方向幕」の表示画像例：「https://www.youtube.com/watch?v=aIZscXYwQrU」）

■ 列車の「方向幕」

「方向幕」の「幕」の語源は、昔、主流だった「幕」に行先を記した「布」を使っていたことに由来します。

今でも、いわゆる「布幕」を使った車両も多くありますが、現在の多くの鉄道車両では、それが「ドットマトリクスLED」を使ったものになってきています。

その「LEDパネル」を使ったものには、20年ほど前から、現在でも使われている「赤」と「黄緑」の"2色の「LED」"を使っています。

(A)「事実上、『赤』『黄緑』『オレンジ』の3色で表示するもの」
(B)「『LED』に『RGB』のものを使って、事実上、『フルカラー』で表示できるもの」
があります。

第6章 PICで「128×32 RGBドットマトリクスLED」カラー表示

6-1　2つの「LED方向幕」タイプとサイズ

図6-2　RG　3色方向幕

　以前、私の電子工作本の中で、「3色表示のLED方向幕」の記事を紹介しました。

　その中では、制作のために専用のプリント基板を使ったり、多くのハーネスを作ったりと、その制作は、決して簡単なものではありませんでした。

　そのとき思ったのは、「RGB-LEDを使った方向幕は、比較にならないぐらい制作は困難だ」ということでした。

*

　それは、「RG」の「2色LED」だけでも、「16×16ドット」を点灯させるために、4つの「パラレル・ラッチTTL」を使っていたからです。

　その「16×16モジュール」を16組使っていたので、全部で64個の「74HC373」を使いました。

　それが「RGB」ともなれば、さらに増え、基板同士をつなぐハーネスも増えるからです。

*

　ところが、結論から言えば、今回紹介する「RGB-LEDドットマトリクス」のモジュールは、そのような苦労は、まったくありません。

　実際に点灯させるための「RGB-LEDモジュール」は、すでに「制御回路」を含んでいて、2つの「64×32」のモジュールをつなぐケーブルも、「データ・ハーネス」1本と電源ケーブルのみです。

　写真で比べてもらえば、その差は歴然です。

[6-1] 2つの「LED方向幕」タイプとサイズ

図6-3　RGB方向幕裏側(上)とRG方向幕裏側(下)

　そのため、以前に作った「3色タイプの方向幕」制作時間の"1/100"のぐらいの時間で完成します。
　これには、正直驚きました。

＊

　この「RGB-LEDパネル」のサイズには、「P3」「P4」「P5」「P6」など、「LED」の"ピッチの違い"で大きく分けて3、4種類が存在します。

　「P4」というサイズは、「LED」の間隔が「4mm」であることを表わしています。

　また、ドットの縦横の個数は「JR」「私鉄」「地下鉄」「新幹線」などによって、異なるものが使われています。
　以前からあった、「3色タイプ」のものでは、「128ドット×32ドット」で、「4mmピッチ」だと、「横512mm、縦128mm」になっています。

＊

　また、この「ドットサイズ」は、現在主流になりつつある「RGBタイプ」のものでも、「JR」などで使われています。

＊

　これに対して、「小田急線」や「京王線」など、一部の私鉄の列車では、「160ドット×48ドット」、「東急」などでは、「144×24ドット」などのものも存在します。

＊

　また、東北・秋田新幹線「はやぶさ」「こまち」などでは、「168ドット×48ドット」となっています。

＊

　このような「LED方向幕」を作ろうとすると、「64ドット×32」ドットパネルが、2枚

第6章 PICで「128×32 RGBドットマトリクスLED」カラー表示

では足りず、「3枚～6枚」必要になってくるので、制作には「1.5倍～3倍」の費用がかかります。

また、パネルに送るデータ量も多くなるため、より高速な「CPUクロック」が必要になってきます。

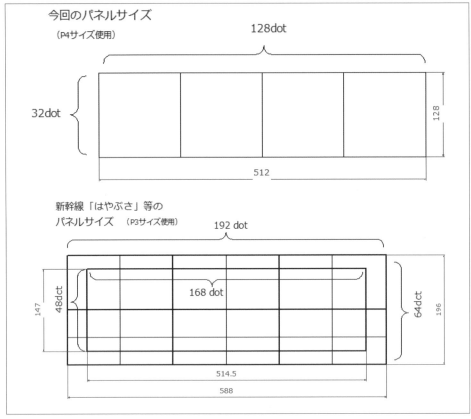

図6-4

上の図のように、新幹線の「はやぶさ」等で使われているパネルを実現しようとすると、「横168ドット、縦48ドット」という構成を実現することになります。

これでは、パネルを贅沢に6枚使って、「192ドット×64ドット」構成にして、その内側の部分を使うことになります。

使われないドット部分が出てしまいますが、既成のパネルを使おうとすると、今のところそのようにするしかありません。

*

また、サイズ的には、「P4」パネルではなく、価格がさらに安い「P3」(Amazon：3300円) を使うことで、「168×48ドット」構成サイズで、実際の大きさよりは小さい「514.5mm×147mm」とすることができます。

[6-1] 2つの「LED方向幕」タイプとサイズ

「パネルを6枚使う」という、かなり贅沢な構成ですが、これならば首都圏の私鉄などで使われている、ドット数の多い「方向幕」も、実現可能になってきます。

■ 64×32ドットRGB-LEDパネル

5章で、「32×32ドットRGB-LEDパネル」(P6タイプ)の点灯例を紹介しました。

これを横に4枚つなぐと、「方向幕」のサイズの1つである、「128×32ドット」のものを作ることができます。

しかし、1モジュールが「4800円」ほどですので、4モジュールで「約2万円」になります。

今回使うのは、「64×32ドット」のモジュールで、大きさは「256㎜×128mm」のものです。
価格は、Amazonで6480円でした。

これ2枚で、多くのJR在来線系の「方向幕」は作ることができますし、価格は13000円ほどです。

*

その他、必要な部品は以下のものです。

- ・PIC18F26K22…290円(秋月電子)
- ・「5V-4A」のACアダプタ…1000円
- ・ICソケット、ピンヘッド、ユニバーサル基板…約1500円

以上、トータル14500円程度で完成させることができます。
この金額は、非常に安価であると思います。

2つのパネルは、下写真のように付属の「信号用フラットケーブル」で、「OUT」と「IN」を接続し、「電源ケーブル」も、2枚のパネルにそれぞれ接続するだけです。

図6-5　2枚のパネルの接続ケーブル

第**6**章　PICで「128×32　RGBドットマトリクスLED」カラー表示

■「RGB-LEDパネル」の発色数

　「RGB-LED」は、一般的に「フルカラー」と呼ばれることも多くありますが、「赤」「緑」「青」の三色を単純に組み合わせて表現できる色は、「黒」を除くと「7色」です。

　「7色」を「フルカラー」とは言いません。

　では、どうやって「フルカラー」を実現するのか、ということになります。

＊

　それは、「R」「G」「B」の各色の輝度レベルを、「0〜255」の「256段階」で調整することによって実現します。

　これは、以下のいずれかになります。
(A)「アナログ的に輝度を変える」
(B)「点灯時間を何らかの方法で調整する」

＊

　1つの「LED」を、アナログ的に輝度変更することは、それほど難しくはありません。

　しかし、「ドットマトリクスLED」のように数が多い場合は、その回路が大変になります。

＊

　一方、「点灯時間」を調節することによって、結果的に輝度レベルを変える方法では、回路的には特別なものは必要ありません。

　しかし、個別のピクセルごとに、ソフトで「点灯時間」を調整することになるので、それはそれでソフト的にはかなり負荷の大きいものになります。

＊

　「RGB-LED」を使った実際の「列車方向幕」を見てみると、「単純7色」以外にも、「オレンジ色」や「ピンク色」などを使っているものがあるので、輝度調整をやっているものがあることが分かります。

　「中間色」を使った「方向幕」も作ることができます。

　しかし、パネル2枚となると、転送するデータ量が増えることで、表示に許容できない程度の"チラツキ"がでてしまうことが考えられます。

　そのため、今回は「中間色」を使わない方法で作ることにします。

＊

　次節では、「PIC」を使った「ハードウエア」部分と、データを作るためのパソコン用アプリなどを取り上げ、「128×32ドット方向幕」を作っていきます。

[6-2] 「128×32」の「方向幕」を作る

6-2 「128×32」の「方向幕」を作る

では、「RGBドットLEDパネル」を使った「128×32」の「方向幕」を作ってみることにしましょう。

また、その「方向幕」に表示するパターンを簡単に作るための、「方向幕データ入力用」の「パソコン・アプリ」も紹介します。

■ 制御に使う「PIC」

今回制御に使う「PIC」は「PIC18F26K22」です。

この「PIC」の特徴を、以下に掲げます。

①プログラムエリア「ROM 64kbyte RAM 3948バイト」と、大容量のメモリをもつ
②内臓クロックの最大値が「64MHz」と、高速
③価格は290円(秋月電子)と、安価

*

①については、今回作った「LED方向幕」は、外部のパソコンに接続して表示データを転送するのではなく、内蔵したマイコンの「メモリ上」にデータを書き込み、完全な「スタンド・アロン」で動作させるものです。

そのため、マイコンの内部メモリのサイズは、「CPU内に書き込む方向幕データのパターンをいくつまで入れられるか」を左右します。

「方向幕データ」は、「const指定」(値を変更できない配列)をして、「プログラムエリアROM」に書き込みます。

1パターンデータが、「128×32÷8×3＝1536バイト」なので、データを書き込むエリアを、仮に「62kバイト」程度確保できるとすると、理論的には「40パターン」のデータを入れることができます。

実際にデータを定義して書き込めたパターン数は、理論どおり「40パターン」でした。
1個290円のマイコンに、「40パターン」も書き込めるのは有り難いことです。

※なお、注意点ですが、仮に「10パターン」ぐらいの書き込みでもいいという場合に、さらに価格の安い、「PIC18F23K22」(180円)や、「PIC18F25K22」(200円)などで代用できるかというと、できません。
それは、今回作ったプログラムでは、使う「RAM」の容量が、最低でも「2060バイト」程度必要だからです。
しかし、「PIC18F23K22」や、「PIC18F25K22」の「RAM容量」はそれぞれ、「512バイト」「1536バイト」しかないので、足りないのです。

第6章 PICで「128×32 RGBドットマトリクスLED」カラー表示

＊

②については、「128×32ドット」もの「RGBデータ」を処理し、「ダイナミック表示」を行なうため、"チラツキ"が出ない程度まで「クロック」を上げなければいけません。

そのため、できるだけ「高速クロック」が必要になります。

今回使った「PIC18F26K22」は、内部に変更可能な「オシレータ」をもっているので、設定した「64MHz」以外にも、「32MHz」や「16MHz」などに変えてみることができます。

実際に「クロック」を低く設定してみると、予想どおり"チラツキ"が許容できないほどに出てくるため、「64MHz」での使用は必須になると思います。

＊

③の価格については、安いに越したことはないのですが、その意味は、今回のような用途では、「CPUを1個買えば済む」というものでなく、「1個のCPUに設定できるデータパターンを超えて、さらに多くのパターンを表示したい」、という使い方を考慮する必要があるからです。

別の「CPU」にデータを書き込んで、「CPU」を交換することで、いくらでも表示パターンを増やすことができます。

そうしたときに、「40パターン」ものデータを入れて「CPU」の価格が290円というのは、非常に重要なことになります。

＊

このような理由から、「PIC18F26K22」を選びました。

ラインナップの多い「PIC」なので、他にも選択肢はたくさんある思いましたが、「これだ！」という「CPU」は、意外に多くありませんでした。

[6-2] 「128×32」の「方向幕」を作る

■ パネルに送る「データ信号」

　今回使うパネルでは、表示に必要な「信号」を、次の図のようにして受け取るような仕様になっています。

*

　パネルのコネクタ端子には、表示するデータそのものを受け取る端子が、6つあります。

　それぞれ、「R1」「G1」「B1」「R2」「G2」「B2」です。

*

　これらは、「LED1個のRGB成分」であり、「1」は上段のラインで、「2」が下段のラインです。

　そして、左のドットから、順次1ピクセルごとの「R1」「G1」「B1」「R2」「G2」「B2」データを送ります。

*

　6ポートに同時にこれらのデータを設定する必要があるので、今回の回路では、マイコンの「B0～B5」ポートに必要なデータを設定するようにしています。

　この状態では、"シリアルデータを送る"というよりは、"6bitパラレルデータを送る"ような感覚です。

　しかし、あくまでも1回で送るのは、"1ピクセルのRGBデータ2組"ということになります。

　プログラム上でデータとして設定してある「RGB」ごとの1バイトデータから、1ビット単位で、データを切り出して、「6bitデータ」に再構成してやる必要があります。

　プログラム上でデータとして、はじめから「6bitデータ」として定義しておくという考え方もあります。

　しかし、「2bit」ぶんが無駄になるので、マイコン1チップに定義できるパターン数が減ってしまいます。

　そのため、今回、データ定義上ではあくまでも、「R1」「G1」「B1」「R2」「G2」「B2」それぞれ"8ピクセルぶんを1バイトデータ"として定義します。

　それを読み出して「表示データ」を選択後に、パネルに送るための「6bitデータ」を作るようにしています。

第6章 PICで「128×32 RGBドットマトリクスLED」カラー表示

このために、「RAM」が「2048バイト」以上必要になります。

この「RAM」を使わずに、パネルの表示を行なうリアルタイムで、「6bitデータ」を切り出すようなプログラムも書けます。

このようにすると処理に時間がかかり、表示に許容し難い"チラツキ"が出てしまいます。

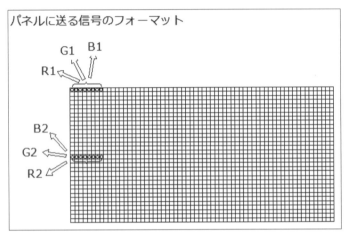

図6-6 「8ピクセル1バイトデータ」から、「R1」「G1」「B1」「R2」「G2」「B2」の、各「1bitデータ」を切り出す

■ 主な「電子パーツ」と「制御回路図」

使う主な「電子パーツ」を示します。

表6-1 RGB方向幕 主な部品表

部品名	型番	必要数	単価	金額	購入店
RGB-LEDパネル	P4	2	6,480	12,960	Amazon
マイコン	PIC18F26K22	1	290	290	秋月電子
28PIN ICソケット	2227MC-28-03	1	70	70	〃
積層セラミックコンデンサ	0.1μF	1	10	10	〃
パワーグリッドユニバーサル基板	47×36mm	1	75	75	〃
2列ピンヘッダー	25×2(8X2に切断して使用)	1	50	50	〃
5V-4A	ACアダプター STD-05040U	1	1,000	1,000	〃
2.1mm標準DCジャック(IOA)	2DC-G213-D42	1	70	70	―
			合計金額	14,525	

*

[6-2] 「128×32」の「方向幕」を作る

次に、「制御回路図」を示します。

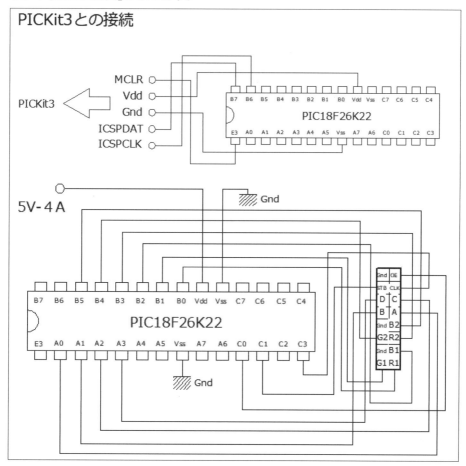

図6-7 データ表示回路

特別に難しい部分はなく、いたってシンプルな回路構成になっています。

また、2枚の「RGB-LEDパネル」を接続するのも、パネルに付属してくるケーブル以外には何も使いません。

> ※なお、マイコンへの「5V電源供給」は、パネルに供給する「5V」と共通にすることができるので、ACアダプタから供給するように配線します。
> （ピンコネクタ端子には、パネルからの「＋5V端子」はありません）

第6章 PICで「128×32 RGBドットマトリクスLED」カラー表示

図6-8 制御基板

■ 制御プログラム

次に、「制御プログラム」を示します。

*

これも、データ以外のコードは、至ってシンプルです。

今回使ったコンパイラは、「CCS-C」ですが、「SPI」を使うような「CCS-Cコンパイラ」特有の関数なども使っていないため、他の「Cコンパイラ」への移植も容易だと思います。

*

パターンは、「最大40種類」定義が可能でしたが、1点だけ注意点があります。

それは、プログラム中の次の定義で、4次元配列の最初の添え字を、「40」とはできない点です。

私の実験では「21」までが限界で、それを超える場合は、配列名を「ユニーク」にしなくてはいけません。

「NG」の定義

```
const int data_1[40][32][16][3]={
```

「OK」の定義

```
const int data_1[21][32][16][3]={・・・・・
                    ：
                    ：
         const int data_2[19][32][16][3]={・・・・・
```

[6-2] 「128×32」の「方向幕」を作る

このようにすると最大で、「21+19=40パターン」が定義できます。

もちろん、「20＋20=40」でもOKだと思います。

＊

以下のプログラムでは、「40パターン」定義したデータを、順番に表示していくものになっています。

マイコンのポートには、まだ空きがあるので、「DIPロータリー・スイッチ」などを付けて、任意のデータを選択できるようにすることもできます。

＊

※なお、プログラム中の、

```
int rgb[3]={1,2,0};
```

という記述は、パネルによっては、「R1」「G1」「B1」の順序が、「B1」「G1」「R1」だったりするものがあるために、変更を容易にするために使っています。

通常は、

```
int rgb[3]={0,1,2};
```

でOKであることが普通です。

※表示色がおかしい場合には、設定を変えてみてください。

```
//------------------------------------------------------------------
// RGB-DotMatrix カラーキャラクタ　64×32表示テストプログラム　PIC 18F26K22用
// Programmed by　Mintaro kanda　メインクロック 64MHz　Max 40パターン設定可
//    for CCS-C コンパイラ　　Ver 1.3
//      2018/6/10(Sun)
//    C0:out Enable（LowでON）　　C1:Data Latch
//    C3:SPI Clock
//------------------------------------------------------------------
#include <18F26K22.h>
#fuses INTRC_IO,NOWDT,NOPROTECT,BROWNOUT,PUT,NOMCLR
#use delay (clock=64000000)//clock 64MHz
#use fast_io(a)
#use fast_io(b)
#use fast_io(c)
const int data_1[21][32][16][3]={
 //1:スーパーあずさ新宿
{{{0x0,0xe0,0xe0},{0x0,0x3,0x3},{0x0,0x0,0x0},{0x0,0x0,0x0},
{0x0,0x0,0x0},{0x0,0x0,0x0},{0x0,0x0,0x0},{0x0,0x0,0x0},
{0x0,0x0,0x0},{0x0,0x0,0x0},{0x2,0x2,0x2},{0x10,0x10,0x10},
{0x0,0x0,0x0},{0x0,0x0,0x0},{0x0,0x0,0x0},{0x0,0x0,0x0}},
  {{0x0,0xf0,0xf0},{0x0,0x7,0x7},{0x0,0x0,0x0},{0x0,0x0,0x0},
{0x0,0x0,0x0},{0x0,0x0,0x0},{0x0,0x0,0x0},{0x0,0x0,0x0},
```

95

第6章 PICで「128×32 RGBドットマトリクスLED」カラー表示

```
{0x8,0x8,0x8},{0x0,0x0,0x0},{0x92,0x92,0x92},{0x10,0x10,0x10},
{0x80,0x80,0x80},{0xc0,0xc0,0xc0},{0xc1,0xc1,0xc1},{0x3f,0x3f,0x3f}},
  {{0x0,0x38,0x38},{0x0,0xe,0xe},{0x0,0x0,0x0},{0x0,0x0,0x0},
{0x0,0x0,0x0},{0x0,0x0,0x0},{0x0,0x0,0x0},{0x3,0x3,0x3},
{0xc8,0xc8,0xc8},{0x0,0x0,0x0},{0x92,0x92,0x92},{0x20,0x20,0x20},
{0xe1,0xe1,0xe1},{0x20,0x20,0x20},{0x42,0x42,0x42},{0x20,0x20,0x20}},
  {{0x0,0x18,0x18},{0x0,0xc,0xc},{0x14,0x0,0x0},{0xc1,0x0,0x0},
{0xc3,0xc0,0xc0},{0x7,0x7,0x7},{0x80,0x80,0x80},{0x4,0x4,0x4},
{0x3c,0x3c,0x3c},{0xc0,0xc0,0xc0},{0xff,0xff,0xff},{0xf0,0xf0,0xf0},
{0x80,0x80,0x80},{0x10,0x10,0x10},{0x44,0x44,0x44},{0x20,0x20,0x20}},
  {{0x0,0x18,0x18},{0x0,0x0,0x0},{0xd4,0x0,0x0},{0x27,0x0,0x0},
{0x1,0x0,0x0},{0x4,0x4,0x4},{0x80,0x80,0x80},{0x84,0x84,0x84},
{0x7,0x7,0x7},{0x3c,0x3c,0x3c},{0x2,0x2,0x2},{0x4f,0x4f,0x4f},
{0x80,0x80,0x80},{0x10,0x10,0x10},{0xc4,0xc4,0xc4},{0x3f,0x3f,0x3f}},
  {{0x0,0xd8,0xd8},{0x0,0x3,0x3},{0x3c,0x0,0x0},{0xf1,0x0,0x0},
{0x7,0x0,0x0},{0x6,0x6,0x6},{0x50,0x50,0x50},{0x3,0x3,0x3},
{0x4,0x4,0x4},{0x80,0x80,0x80},{0x3,0x3,0x3},{0x80,0x80,0x80},
{0x80,0x80,0x80},{0x10,0x10,0x10},{0x4,0x4,0x4},{0x0,0x0,0x0}},
  {{0x0,0xf8,0xf8},{0x0,0x7,0x7},{0xd4,0x0,0x0},{0xf,0x0,0x0},
{0x4,0x0,0x0},{0x2,0x2,0x2},{0x50,0x50,0x50},{0x0,0x0,0x0},
{0xf4,0xf4,0xf4},{0x40,0x40,0x40},{0x2,0x2,0x2},{0x0,0x0,0x0},
{0x81,0x81,0x81},{0x20,0x20,0x20},{0xe2,0xe2,0xe2},{0xff,0xff,0xff}},
  {{0x0,0x38,0x38},{0x0,0xe,0xe},{0x12,0x0,0x0},{0xf2,0x0,0x0},
{0x7,0x0,0x0},{0x2,0x2,0x2},{0x90,0x90,0x90},{0x0,0x0,0x0},
{0x4e,0x4e,0x4e},{0x21,0x21,0x21},{0x4,0x4,0x4},{0xe0,0xe0,0xe0},
{0x82,0x82,0x82},{0xc0,0xc0,0xc0},{0x81,0x81,0x81},{0x0,0x0,0x0}},
  {{0x0,0x18,0x18},{0x0,0xc,0xc},{0xf0,0x0,0x0},{0x7,0x0,0x0},
{0x4,0x0,0x0},{0xf3,0xf3,0xf3},{0x91,0x91,0x91},{0x3e,0x3e,0x3e},
{0x45,0x45,0x45},{0x22,0x22,0x22},{0x4,0x4,0x4},{0x1c,0x1c,0x1c},
{0x83,0x83,0x83},{0x20,0x20,0x20},{0x82,0x82,0x82},{0x0,0x0,0x0}},
  {{0x0,0x18,0x18},{0x0,0xc,0xc},{0x10,0x0,0x0},{0xf2,0x0,0x0},
{0x7,0x0,0x0},{0x5,0x5,0x5},{0x88,0x88,0x88},{0x80,0x80,0x80},
{0x24,0x24,0x24},{0x44,0x44,0x44},{0x6,0x6,0x6},{0x2,0x2,0x2},
{0x80,0x80,0x80},{0x10,0x10,0x10},{0x84,0x84,0x84},{0x3f,0x3f,0x3f}},
  {{0x0,0x18,0x18},{0x0,0xc,0xc},{0x58,0x0,0x0},{0x82,0x0,0x0},
{0x80,0x80,0x80},{0x4,0x4,0x4},{0x8,0x8,0x8},{0x81,0x81,0x81},
{0x28,0x28,0x28},{0x84,0x84,0x84},{0x5,0x5,0x5},{0x1,0x1,0x1},
{0x80,0x80,0x80},{0x10,0x10,0x10},{0x44,0x44,0x44},{0x20,0x20,0x20}},
  {{0x0,0x18,0x18},{0x0,0xc,0xc},{0x94,0x0,0x0},{0x52,0x0,0x0},
{0x85,0x80,0x80},{0x8,0x8,0x8},{0x8,0x8,0x8},{0x41,0x41,0x41},
{0x18,0x18,0x18},{0x4,0x4,0x4},{0x4,0x4,0x4},{0x1,0x1,0x1},
{0x80,0x80,0x80},{0x10,0x10,0x10},{0x24,0x24,0x24},{0x20,0x20,0x20}},
  {{0x0,0x38,0x38},{0x0,0xe,0xe},{0x10,0x0,0x0},{0x4a,0x0,0x0},
{0x4c,0x40,0x40},{0x8,0x8,0x8},{0x4,0x4,0x4},{0x42,0x42,0x42},
{0xc,0xc,0xc},{0x4,0x4,0x4},{0x2,0x2,0x2},{0x6,0x6,0x6},
{0x80,0x80,0x80},{0x20,0x20,0x20},{0x2,0x2,0x2},{0x20,0x20,0x20}},
  {{0x0,0xf0,0xf0},{0x0,0x7,0x7},{0x10,0x0,0x0},{0x89,0x0,0x0},
{0x27,0x20,0x20},{0x8,0x8,0x8},{0x4,0x4,0x4},{0x82,0x82,0x82},
```

[6-2]　「128×32」の「方向幕」を作る

```
{0x3,0x3,0x3},{0x83,0x83,0x83},{0x3,0x3,0x3},{0xf8,0xf8,0xf8},
{0xe3,0xe3,0xe3},{0xc3,0xc3,0xc3},{0x1,0x1,0x1},{0x10,0x10,0x10}},
  {{0x0,0xe0,0xe0},{0x0,0x3,0x3},{0x0,0x0,0x0},{0x0,0x0,0x0},
{0x0,0x0,0x0},{0x0,0x0,0x0},{0x0,0x0,0x0},{0x0,0x0,0x0},
{0xe0,0xe0,0xe0},{0xe0,0xe0,0xe0},{0x0,0x0,0x0},{0x0,0x0,0x0},
{0x0,0x0,0x0},{0x0,0x0,0x0},{0x0,0x0,0x0},{0xe,0xe,0xe}},
  {{0x0,0x0,0x0},{0x0,0x0,0x0},{0x0,0x0,0x0},{0x0,0x0,0x0},
{0x0,0x0,0x0},{0x0,0x0,0x0},{0x0,0x0,0x0},{0x0,0x0,0x0},
{0x0,0x0,0x0},{0x0,0x0,0x0},{0x0,0x0,0x0},{0x0,0x0,0x0},
{0x0,0x0,0x0},{0x0,0x0,0x0},{0x0,0x0,0x0},{0x0,0x0,0x0}},
  {{0x0,0x0,0xff},{0x0,0x0,0xff},{0x0,0x0,0xff},{0x0,0x0,0xff},
{0x0,0x0,0xff},{0x0,0x0,0x7f},{0x0,0x0,0x0},{0x0,0x0,0x0},
{0x18,0x18,0x18},{0x0,0x0,0x0},{0x0,0x0,0x0},{0x0,0x0,0x0},
{0x80,0x80,0x80},{0x1,0x1,0x1},{0x0,0x0,0x0},{0x0,0x0,0x0}},
  {{0x0,0x0,0x7f},{0x0,0x0,0xff},{0x0,0x0,0x7f},{0x0,0x0,0xff},
{0x0,0x0,0x7f},{0x0,0x0,0x7f},{0x0,0x0,0x0},{0x0,0x0,0x0},
{0x18,0x18,0x18},{0xe0,0xe0,0xe0},{0x0,0x0,0x0},{0x0,0x0,0x0},
{0x80,0x80,0x80},{0x1,0x1,0x1},{0x0,0x0,0x0},{0x0,0x0,0x0}},
  {{0x80,0x80,0x9f},{0x0,0x0,0xfe},{0x80,0x80,0xbf},{0x0,0x0,0xfe},
{0x80,0x80,0x87},{0x0,0x0,0x70},{0x0,0x0,0x0},{0x0,0x0,0x0},
{0xff,0xff,0xff},{0xfe,0xfe,0xfe},{0x0,0x0,0x0},{0x0,0x0,0x0},
{0xff,0xff,0xff},{0xff,0xff,0xff},{0x0,0x0,0x0},{0x0,0x0,0x0}},
  {{0x40,0x40,0x4f},{0x0,0x0,0xf0},{0x80,0x80,0xbf},{0x0,0x0,0xfe},
{0xf8,0xf8,0xfb},{0xf,0xf,0x6f},{0x0,0x0,0x0},{0x0,0x0,0x0},
{0xff,0xff,0xff},{0x3e,0x3e,0x3e},{0x0,0x0,0x0},{0x0,0x0,0x0},
{0xff,0xff,0xff},{0xff,0xff,0xff},{0x0,0x0,0x0},{0x0,0x0,0x0}},
  {{0xf0,0xf0,0xf7},{0xf,0xf,0xef},{0x80,0x80,0x87},{0x0,0x0,0xf0},
{0x48,0x48,0x4b},{0x2,0x2,0x72},{0x0,0x0,0x0},{0x0,0x0,0x0},
{0x66,0x66,0x66},{0x6,0x6,0x6},{0x0,0x0,0x0},{0x0,0x0,0x0},
{0x1b,0x1b,0x1b},{0xc0,0xc0,0xc0},{0x0,0x0,0x0},{0x0,0x0,0x0}},
  {{0x10,0x10,0x17},{0x8,0x8,0xe8},{0xf8,0xf8,0xfb},{0xf,0xf,0xef},
{0xf8,0xf8,0xfb},{0xf,0xf,0x6f},{0x0,0x0,0x0},{0x0,0x0,0x0},
{0x66,0x66,0x66},{0x6,0x6,0x6},{0x0,0x0,0x0},{0x0,0x0,0x0},
{0xfb,0xfb,0xfb},{0xff,0xff,0xff},{0x0,0x0,0x0},{0x0,0x0,0x0}},
  {{0x10,0x10,0x17},{0x8,0x8,0xe8},{0x88,0x88,0x8b},{0x8,0x8,0xe8},
{0x48,0x48,0x4b},{0x2,0x2,0x72},{0x0,0x0,0x0},{0x0,0x0,0x0},
{0xff,0xff,0xff},{0xfe,0xfe,0xfe},{0x0,0x0,0x0},{0x0,0x0,0x0},
{0xdc,0xdc,0xdc},{0x3f,0x3f,0x3f},{0x0,0x0,0x0},{0x0,0x0,0x0}},
  {{0xf0,0xf0,0xf7},{0xf,0xf,0xef},{0x88,0x88,0xab},{0x8,0x8,0xea},
{0xc8,0xc8,0xcb},{0x3,0x3,0x7b},{0x0,0x0,0x0},{0x0,0x0,0x0},
{0xff,0xff,0xff},{0xfe,0xfe,0xfe},{0x0,0x0,0x0},{0x0,0x0,0x0},
{0xc,0xc,0xc},{0x6,0x6,0x6},{0x0,0x0,0x0},{0x0,0x0,0x0}},
  {{0x10,0x10,0x17},{0x8,0x8,0xe8},{0x88,0x88,0x8b},{0x8,0x8,0xe8},
{0x8,0x8,0xb},{0x1,0x1,0x71},{0x0,0x0,0x0},{0x0,0x0,0x0},
{0x38,0x38,0x38},{0x66,0x66,0x66},{0x0,0x0,0x0},{0x0,0x0,0x0},
{0xce,0xce,0xce},{0x3f,0x3f,0x3f},{0x0,0x0,0x0},{0x0,0x0,0x0}},
  {{0x10,0x10,0x17},{0x8,0x8,0xe8},{0xf8,0xf8,0xfb},{0xf,0xf,0xef},
{0xe8,0xe8,0xeb},{0xf,0xf,0x6f},{0x0,0x0,0x0},{0x0,0x0,0x0},
```

第6章 PICで「128×32 RGBドットマトリクスLED」カラー表示

```
{0xff,0xff,0xff},{0x66,0x66,0x66},{0x0,0x0,0x0},{0x0,0x0,0x0},
{0xcf,0xcf,0xcf},{0x3f,0x3f,0x3f},{0x0,0x0,0x0},{0x0,0x0,0x0}},
   {{0xf0,0xf0,0xf7},{0xf,0xf,0xef},{0x88,0x88,0x8b},{0x8,0x8,0xe8},
{0x28,0x28,0x2b},{0x9,0x9,0x69},{0x0,0x0,0x0},{0x0,0x0,0x0},
{0xff,0xff,0xff},{0x66,0x66,0x66},{0x0,0x0,0x0},{0x0,0x0,0x0},
{0xce,0xce,0xce},{0x30,0x30,0x30},{0x0,0x0,0x0},{0x0,0x0,0x0}},
   {{0x10,0x10,0x17},{0x8,0x8,0xe8},{0x88,0x88,0xab},{0x8,0x8,0xea},
{0x28,0x28,0x2b},{0x9,0x9,0x69},{0x0,0x0,0x0},{0x0,0x0,0x0},
{0x3c,0x3c,0x3c},{0x66,0x66,0x66},{0x0,0x0,0x0},{0x0,0x0,0x0},
{0xcc,0xcc,0xcc},{0x3f,0x3f,0x3f},{0x0,0x0,0x0},{0x0,0x0,0x0}},
   {{0x10,0x10,0x17},{0x8,0x8,0xe8},{0x88,0x88,0x8b},{0x8,0x8,0xe8},
{0x28,0x28,0x2b},{0x9,0x9,0x69},{0x0,0x0,0x0},{0x0,0x0,0x0},
{0x7e,0x7e,0x7e},{0x67,0x67,0x67},{0x0,0x0,0x0},{0x0,0x0,0x0},
{0xcc,0xcc,0xcc},{0x3f,0x3f,0x3f},{0x0,0x0,0x0},{0x0,0x0,0x0}},
   {{0xf0,0xf0,0xf7},{0xf,0xf,0xef},{0xf8,0xf8,0xfb},{0xf,0xf,0xef},
{0x28,0x28,0x2b},{0x9,0x9,0x69},{0x0,0x0,0x0},{0x0,0x0,0x0},
{0x5b,0x5b,0x5b},{0x63,0x63,0x63},{0x0,0x0,0x0},{0x0,0x0,0x0},
{0xcc,0xcc,0xcc},{0x30,0x30,0x30},{0x0,0x0,0x0},{0x0,0x0,0x0}},
   {{0x10,0x10,0x17},{0x8,0x8,0xe8},{0x8,0x8,0xb},{0x8,0x8,0xe8},
{0x24,0x24,0x25},{0x5,0x5,0x75},{0x0,0x0,0x0},{0x0,0x0,0x0},
{0x99,0x99,0x99},{0x63,0x63,0x63},{0x0,0x0,0x0},{0x0,0x0,0x0},
{0xcc,0xcc,0xcc},{0x3f,0x3f,0x3f},{0x0,0x0,0x0},{0x0,0x0,0x0}},
   {{0x0,0x0,0xef},{0x0,0x0,0xf7},{0x0,0x0,0xf7},{0x0,0x0,0xf7},
{0x0,0x0,0xdb},{0x0,0x0,0x7a},{0x0,0x0,0x0},{0x0,0x0,0x0},
{0x18,0x18,0x18},{0x61,0x61,0x61},{0x0,0x0,0x0},{0x0,0x0,0x0},
{0xcc,0xcc,0xcc},{0x3f,0x3f,0x3f},{0x0,0x0,0x0},{0x0,0x0,0x0}}},

   //2:通勤準急池袋
  {{{0x0,0x0,0xff},{0x0,0x0,0xff},・・・・・・・・・・・
:（以下、データ部分は長いので省略します）
:
int od[16][16][8];
long count=0;
#int_timer1 //タイマ1割込み処理
void intval(){
    set_timer1(0xF000);
    count++;
}
void datain(int m)
{
    int i,j,k,n;
    int data1[3],data2[3];
    int rgb[3]={1,2,0};

    for(k=0;k<16;k++){
        for(j=0;j<16;j++){//横16ブロック分のデータ取り出し
            for(n=0;n<3;n++){
                if(m<21){
```

[6-2] 「128×32」の「方向幕」を作る

```
                        data1[n]=data_1[m][k][j][rgb[n]];
                        data2[n]=data_1[m][k+16][j][rgb[n]];
                    }
                    else{
                        data1[n]=data_2[m-21][k][j][rgb[n]];
                        data2[n]=data_2[m-21][k+16][j][rgb[n]];
                    }
                }
                for(i=0;i<8;i++){//1bit取り出しのためのループ
                    od[k][j][i]=( (data1[0] & 1)    | (data2[0] & 1)<<3
                                | (data1[1] & 1)<<1 | (data2[1] & 1)<<4
                                | (data1[2] & 1)<<2 | (data2[2] & 1)<<5
                                );
                    for(n=0;n<3;n++){
                        data1[n]>>=1;data2[n]>>=1;
                    }
                }
            }
        }
    }
void main()
    {
        int i,j,k,m;
        set_tris_a(0x0);
        set_tris_b(0x0);
        set_tris_c(0x0);
        setup_adc_ports(NO_ANALOGS);
        setup_oscillator(OSC_64MHZ);

        setup_timer_1(T1_INTERNAL | T1_DIV_BY_8);
        set_timer1(0xF000); //initial set
        enable_interrupts(INT_TIMER1);
        enable_interrupts(GLOBAL);

        output_a(0); output_b(0);
        m=0;
        datain(0);
        while(true){
            if(count>840){
//840を増やせば、1パターン当たりの表示時間が長くなり、その逆で短くなる
                count=0;
                m++;
                m%=40;// 40パターンを繰り返す
                datain(m);//const領域のデータからRAM領域にR1,G1,B1,R2,G2,B2に
                          //変換したピクセルデータを入れる
            }
            for(k=0;k<16;k++){//Line点灯ループ
                output_a(k);
```

第6章 PICで「128×32 RGBドットマトリクスLED」カラー表示

```
            output_low(PIN_C1);//データ送信
            for(j=0;j<16;j++){//横16ブロック分のデータ取り出し
                for(i=0;i<8;i++){//1bit取り出しのためのループ
                    output_b(od[k][j][i]);
                        //SPIクロック生成
                        output_high(PIN_C3);
                        output_low(PIN_C3);
                }
            }
        output_high(PIN_C1);//データラッチ
        output_low(PIN_C0);//点灯
        delay_us(400);  //   1/1000秒だけ点灯
        output_high(PIN_C0);//消灯
    }
  }
}
```

6-3 データ入力用「パターン・エディタ」

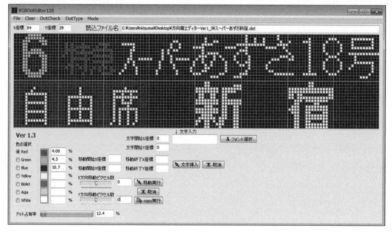

図6-9 「パターン・エディタ」

ハード面は至ってシンプルで、簡単に作ることができます。
しかし、表示するためのデータを作るのは容易ではありません。

そこで今回は、パソコンで「マウス」を使って簡単にデータを作るための、「パターン・エディタ」も作りました。

使い方は特に説明の必要もないほど簡単ですが、一通り、使い方を説明します。7章にもほぼ同じ操作のエディタがあるので、そちらも参照してください。

[6-3] データ入力用「パターン・エディタ」

■ データ描画

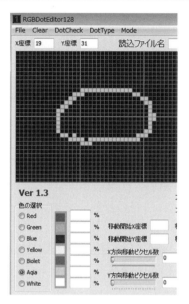

図6-10　描画色を選択して、マウスで描画

　アプリを起動すると、「128×32ドット」を7色の点描で描くための画面になります。

　今回パネルで表示する色は、「R」「G」「B」の他に、それらの単純な組み合わせで出来る、「黄色」「紫」「黄色」「水色」「白」です。

　これらの色を、画面の左側にある「パレット」から選択して、マウス左クリックで描いていきます。

　「消去」は、「右クリック」でできます。
　また、押しっ放しで、「描画」「消去」が連続でできます。

■ 画面全体の消去

　画面に描いたデータをすべて消去したいときは、画面上のメニューから、[Clear]を選んで[全消去]を選択します。

　誤って消してしまっても、[消去の取消]を選べば、直前の消去操作を無効にでき、消去したデータを元に戻すことができます。

第6章 PICで「128×32 RGBドットマトリクスLED」カラー表示

■ ドット・タイプ

描画の際のドットのタイプは、画面上のメニューから、■と●のいずれかを選択できます。

■ ドット・チェック

この機能は、「128×32ドット」のパネルにあるピクセルを、どの程度の割合で点灯させているかをチェックする機能です。

「物理色ドット数」は、「RGBの各色」がどれだけ使われたかを見ます。
また、「視覚色ドット数」は、「7色の各色」がどれだけ使われたかを見ます。

この機能は、特にないといけないというようなものではありませんが、画像を作る際に参考にしてもらえばよいと思います。

■ モード

画面上のメニューから[Mode]を選ぶと、次の3つのサブメニューが出ます。

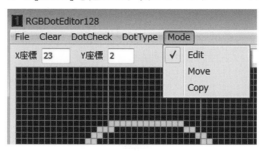

図6-11 「Mode」の選択

①[Edit]モード
最初はこの状態で、データの描画ができます。

②[Move]モード
任意の画像領域を別の領域に移動させる機能モードです。

③[Copy]モード
移動ではなく、選択した領域を別領域に「コピー&ペースト」できます。

一度、領域をコピーすれば、移動量を設定し直して[copy実行]ボタンを押すことによって、別の位置に、何個でもコピーできます。

[6-3] データ入力用「パターン・エディタ」

■ 文字入力機能

この機能は、選択した色で、任意の位置に文字を入力するものです。

[1] まず、文字の色を、左側の「色選択ラジオボタン」で選び、フォントを設定します。

※この「フォント・ダイアログ」で選択できる色は、機能しないので注意してください。

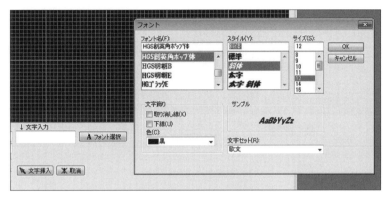

図6-12　フォントの設定

[2] フォントを選んだら、表示したい文字を入力します。

また、表示を開始したい「X座標」「Y座標」も入れておきます。

そして、[文字挿入]ボタンを押します。

図6-13　文字入力完了

■ データの保存

作ったデータを保存するには、[File]から、[save(別名で保存)]を選びます。
このとき、拡張子は入力しないでください。

自動的に「***.dat」と「***.txt」の2つのファイルが保存されます。

第6章 PICで「128×32 RGBドットマトリクスLED」カラー表示

■データの読み込み

保存されているデータを読み込むには、[File]から、[open(読込)]を選びます。

同名の、「***.dat」と「***.txt」の2つが表示されているので、「***.dat」を選択します。

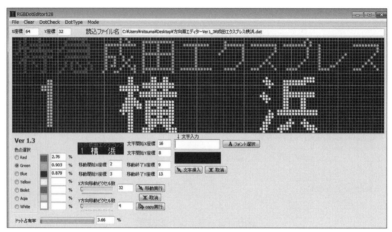

図6-14 データの読み込み

読み込んだものに、修正・変更を加えて再度、保存し直す場合は、[save(上書き)]を選びます。

*

保存されるデータは、「***.dat」と「***.txt」の2つだと説明しました。

「***.dat」は、「赤」や「黄」といった色データなどを、そのまま「バイナリ形式」で保存しています。

それに対して、「***.txt」は、マイコンに書き込むためのデータファイルで、RGBの成分だけで構成されたものになっています。

マイコンのソースプログラムに「カット&ペースト」しやすいように、テキストデータ形式になっています。

第7章

PICでRGBドットマトリクスLED カラー64色表示

6章では、RGBドットマトリクスLEDで、「7色表示」の「列車方向幕」を作る例を紹介しました。

「RGB」の各色を単純に組み合わせると、「黒」を除いて「7色の表示」ができます。

これだけでも、かなりバリエーションのある表示が可能になりますが、「オレンジ色」や「灰色」など、実際のLED方向幕で使われている、「7色」には含まれない色も表現したくなります。

そこで、ハードウェアには一切手を加えず、ソフトウエアだけで理論上は「64色表示」まで拡張する方法について解説します。

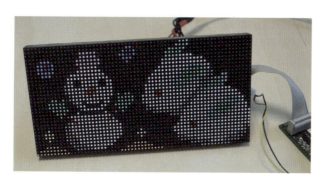

図7-1　中間色を使った表示

7-1　「RGBフルカラー表示」とは

よく、「RGBフルカラー」という言葉を耳にします。

「R,G,B」の各輝度レベルを、0〜255段階にコントロールすることで、「256×256×256=1677万色」を実現しています。

この「1677万色」のことを、「フルカラー」と呼んでいます。

人間に「1677万色」もの色の区別ができるのかと言われれば、「そんなにはできない

のでは？」とも思えます。

しかし、人間の目は精度が高く、同じカラー写真でも比較すれば、「1677万色」と、「65536色」では、微妙に違うことが分かったりします。

ただ、それは、写真などの画像の場合であって、鉄道の方向幕などに写真レベルの画像を出すというのでなければ、それほどの色数は必要ではないと思います。

＊

「1677万色」は、「R,G,B」の光の3原色をそれぞれ1バイトの輝度レベルで調整して得られる色数です。

もし、「赤」を3ビット、「緑」を3ビット、「青」を2ビットで表わして、合計で1バイトのデータにしたとすると、「8×8×4＝256色表示」ということになります。

この程度では、写真の画像では、表現が苦しくなってきますが、色そのものだけを見れば、かなりのバリエーションの色であることが分かります。

小学校のとき、12色の絵の具しか持たされなかった私は、お金持ちの友達が持っていた24色絵の具は、とてもうらやましかった記憶があります。

24色でも結構なバリエーションですから、「256色」の絵の具などがあったら、それはすごいことです。

■ 64色表示

今回は、もっと色数を減らして、「R,G,B」をそれぞれ「2ビット」で表現することにします。

「2ビット」ということは、0～3までの4通りで輝度レベルを調節できるので、色数としては、「4×4×4=64色」ということになります。

しかし、これだけでも、「7色表示」とは比較にならないほど多彩な色を表現できます。

＊

もちろん、人間の目には、ほとんど同じようにしか見えない色も含まれています。

ただ、色の見え方とは、理論的なRGBの輝度レベルが同じでも、それを表現したときのディスプレーで、印象が変わることも少なくありません。

「パソコンの液晶ディスプレー」で編集しているときと、「実際にLEDで点灯させたとき」では、異なる印象となることがあるかもしれません。

なので、最終的には「LEDを点灯させて確認」していくことになります。

[7-1] 「RGBフルカラー表示」とは

「7色表示」から「64色表示」(黒を含む)にするために、データ量は、1ビットから2ビットに増えるため、トータルで2倍になります。

そのため、同じドット数の表示をしようとすると、単純に、これまでの2倍のデータが必要になります。

■ 中間色を含む「64色」を表現する仕組み

では、「RGB」の単純な組み合わせで表現できる「7色」から、「中間色」を含む「64色表示」をソフトウエアだけでどのようにして実現するのでしょうか。

それには、表示にチラツキが出ないように、できる限りマイコン処理の負担を増加させないようにして行わなければならないので、次のような考え方をすることにします。

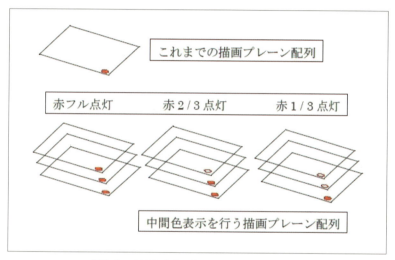

図7-2　中間色表示を行なう描画プレーン配列

たとえば、「7色表示」をする場合なら、ある点(この場合、右下隅)に赤を点灯させる場合、単純に描画用プレーン配列に赤のデータを入れればそれでOKでした。

他の色も同様です。そして、この1枚のプレーン配列を順次参照して、点灯を繰り返していたわけです。

それに対して、「中間色表現」を行なうためには、図のように複数枚の「プレーン」(今回は3枚)の「プレーン配列」を用意し、「赤」を「フル点灯」させたい場合は、「3枚のプレーン」に、いずれも「赤」のデータを置きます。

「赤」を2/3だけ点灯させたい場合は、「2枚」のプレーンに「赤」のデータを置きます。「1/3」だけ点灯させたい場合は、「1枚」のプレーンだけに「赤」のデータを置きます。まったく点灯させない場合は、どのプレーンにもデータを入れません。

＊

このように異なる3つのプレーンを用意することで、赤の点灯レベルを調節するこ

107

第7章 PICでRGBドットマトリクスLEDカラー64色表示

とができます。

　他の色も同様に行なうことで、「理論的に4×4×4=64色」を実現できます。

　この方法なら、CPUに対する負荷の増加はあまり多くはありません。
　ただ、「描画プレーン用の配列」がこれまでの3倍必要になります。

　6章で紹介した「列車のLED方向幕128×32」の場合、od[16][16][8]という配列「2048バイト」が1つ必要でしたが、今回の考え方を実現しようとすると、「od[3][16][16][8]」で「6144バイト」必要になります。

＊

　しかし、ここで問題があります。

　前回制御に使ったPIC18F26K22のRAM容量は、3896バイトしかありませんから、6144バイトにはまったく足りません。

　そのため、中間色128×32ドット表示をこのマイコンで実現することはできないので、今回は、ドットサイズを64×32（1パネル）で実験してみたいと思います。

　もし、「128×32ドット」サイズで実現したいときは、RAM容量が「8k程度」あるものを選ばなければなりません。

　「8kバイト」のRAM容量をもつPICには、**PIC24FJ64GA002**（ROM-64k）や**PIC24FJ128GA002**（ROM-128k）などがあります。
　いずれも、価格は330円〜360円（秋月電子）と、高いものではありません。

　今回のように「1ピクセル」を「2bit」で表わすことにすると、データは単純「7色」のときの2倍に増えます
　しかし、**PIC24FJ128GA002**（ROM128k）を使えば、128×32ドットサイズで、40パターンを入れることができます。

　また、「PIC24系」は16bitマイコンになるので、「PIC18系」よりも高速処理が可能になり、チラツキの少ない表示が可能になります。

■ 回路

　ハードウエアは前回のものと変わっていませんが、チラツキのない、高速表示をするには、「24系」のPICを推奨します。

　24系はピンアサインが異なるので、「18系」と「24系」のそれぞれの回路を示します。

108

[7-1] 「RGBフルカラー表示」とは

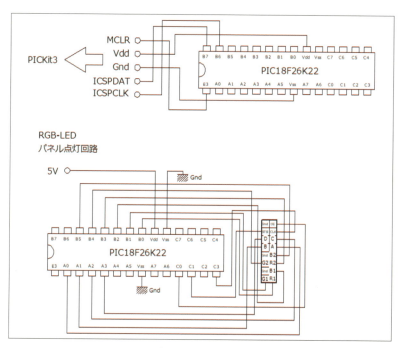

図7-3 「PIC18F26K22」回路図

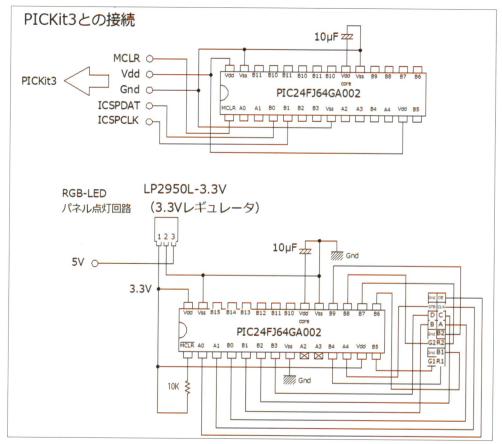

図7-4 「PIC24FJ64GA002」回路図

第7章 PICでRGBドットマトリクスLEDカラー64色表示

■ 表示データの作成

「単純7色表示」でも、「中間色64色表示」でも、ハードウエアには、何の変更もありません。

つまり、ハードウエアの構成は極めて簡単に作ることができます。

しかし、「中間色」を表現するための「表示データ」の作成には、もはや、「作成ツールソフト」なしで対応するのは困難です。

そのため、「中間色データ」を生成するパソコン用の専用アプリを作ったので、それを使うことにします。

写真がデータ作成用のソフトです。

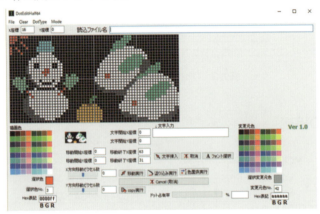

図7-5　アプリ画面

基本的な操作は6章の「パターン・エディタ」同じですが、これまで、「7色」だったカラーパレットが「64色」に拡大しています。

この中から任意に色を選んでデータ作成ができます。

パソコン上では、色の表現を「R,G,B」の成分をそれぞれ、「256段階」で表現して、「1677万色」を実現しています。

たとえば、「赤の最高輝度」は「FF」(16進)で、「最低」は「0」(「赤」を発光させない)です。

他の色も同様です。

＊

今回は、発光させる場合の輝度レベルを4段階で表現するので、パソコン上で表現されている「00〜ff」までの輝度レベルを、次のように対応させます。

[7-1] 「RGBフルカラー表示」とは

表7-1

LEDの4階調表現	0	1	2	3
パソコンの256階調表現（16進）	0	55	aa	ff

「256階調」の表現で「55」は「ff」の約1/3で、「aa」は「ff」の約2/3ということです。

*

理論的にはこれで合うはずですが、実際にそのようにして設定した色を対応させてLEDを点灯させると、LEDの輝度がかなり高いため、パソコンの画面上で設定した「55」や「aa」の値よりもかなり「明るめ」に表現されてしまいます。

逆に言うと、パソコン画面上でセレクトした「暗め」の色でも、LEDで点灯させると、ほとんど暗い色にはなりません。

そのため、理論上の「1/3」「2/3」よりも、パソコン上での色の設定は、次のように高めに設定して、よりパソコン上の色とLEDの点灯色イメージが近くなるようにしています。

55→aa
aa→dd

111

7-2 アプリケーションプログラムの使い方

■データ描画

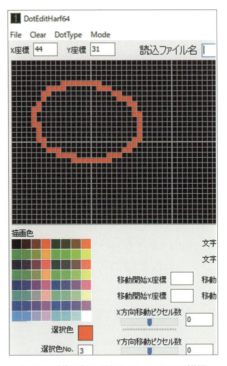

図7-6　描画色を選択して、マウスで描画

　アプリを起動すると、「64×32ドット」を「64色」の点描で描くための画面になります。

　今回パネルで表示する色は、「R,G,B」の他に、それら4段階の輝度レベルの組み合わせでできる「64色」です。
　これらの色を、「画面」左側にあるパレットから選択して、「マウス左クリック」で描いていきます。

　「右クリック」で、消去できます。マウスのボタンを押しっ放しで、連続で描画・消去もできます。

[7-2] アプリケーションプログラムの使い方

■ 画面全体の消去

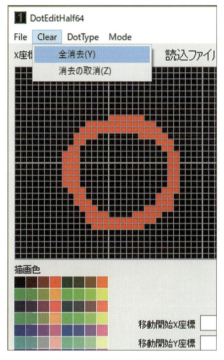

図7-7　全画面消去と消去の取消

　画面に描いたデータをすべて消去したいときは、画面上のメニューから、[Clear]を選んで[全消去]を選択します。

　これで、画面からは描画したデータはなくなります。
＊
　誤って、消してしまっても、[消去の取消]を選べば、直前の消去操作を無効にでき、消去したデータを元に戻すことができます。

■ ドットタイプ

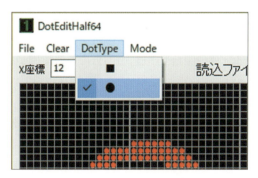

図7-8　ドットタイプの選択

113

第7章 PICでRGBドットマトリクスLEDカラー64色表示

描画の際のドットのタイプは、画面上のメニューから、■と●のいずれかを選択できます。

■モード

画面上のメニューから、[Mode]を選ぶと次のようなサブメニューが出ます。

図7-9　Modeの選択

最初は、[Edit]モードになっています。
この状態では、データの描画ができる状態です。

次にある[Move]は、任意の画像領域を別の領域に移動させる機能モードです。
この状態で、[Move]を選択してチェックを入れると、移動モードになります。

このモードに入ったら、移動させたい画像の領域の左上を選んでマウスの左クリックをします。
そうすると、画面下にある「移動開始X座標」がクリックした座標に自動で変わり、その部分にグレーの点が付きます。

続けて、画像の領域の右下を選んでマウスの右クリックをします。
そうすると、こんどは「移動開始Y座標」の部分にその座標がセットされ、同時にグレーの点が付きます。

なお、このグレーの点は、1秒後には消えますが、座標は選択されています。

[7-2] アプリケーションプログラムの使い方

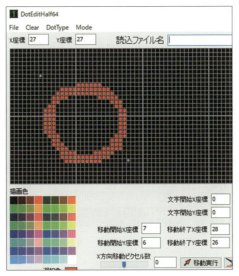

図7-10　移動対象画像領域を指定

　これで、移動対象となる画像部分が選択されたことになります。
　このあと「X方向移動ピクセル数」と「Y方向移動ピクセル数」を入力することで、この選択した画像を移動させることができます。

　また、「トラックバー」をマウスで動かすことでも「移動量」の設定ができます。

　「移動方向量」は、マイナスの数値も指定することができるので、「左方向」や「上方向」にも移動が可能です。

　「移動量」を入力したら、[移動実行]ボタンを押します。

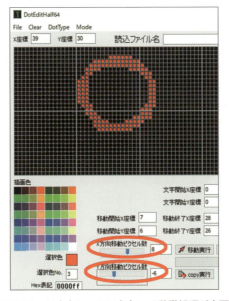

図7-11　X方向に＋8,Y方向に-6移動処理が完了

115

「コピー・モード」を選ぶと、「移動」ではなく、選択した領域を別領域に「コピー＆ペースト」できます。

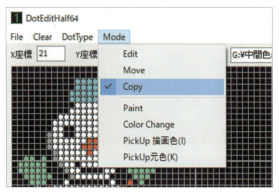

図7-12 「Copy＆ペースト」機能

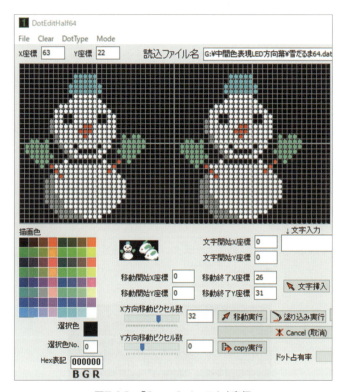

図7-13 「Copy＆ペースト」実行

一度、領域をコピーすれば、移動量を設定し直して[copy実行]ボタンを押すことによって、別の位置に何個でもコピーできます。

[7-2] アプリケーションプログラムの使い方

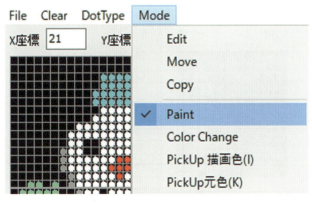

図7-14　Paint機能

＊

「Paint機能」は、指定した矩形領域を描画色で塗り込む機能です。

塗り込む領域の指定は、「マウス左クリック」で矩形の左上を指定し、さらに、マウス右クリックで右下を指定します。

その後、[塗り込み実行]を押すと、現在選択されている色で塗られます。

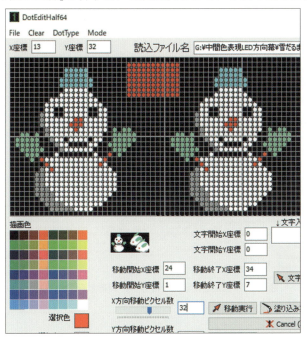

図7-15　指定領域の塗り込み機能

「Color Change」機能は、指定した領域の指定した色を「別の色」に変更できる機能です。

117

第7章 PICでRGBドットマトリクスLEDカラー64色表示

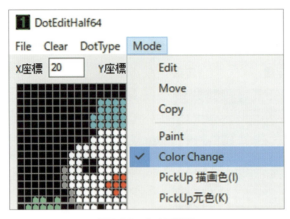

図7-16 色変更機能

＊

まず、マウスで変更する領域の指定を行ないます。

[1]「領域の指定」は、Moveなどのときと同じで、マウスの「左クリック」で「左上」、マウス「右クリック」で右下を指定します。

[2]次に、変更したい元色を[変更元色]から選びます。

[3]さらに、「描画色」を選び、[色置換実行]ボタンを押します。

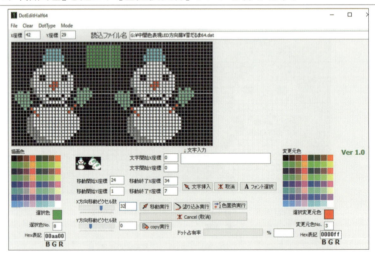

図7-17 指定した領域が、「赤」から「緑」に変更された

※なお、変更したい部分の色(変更元色)がどれなのか分からない場合は、[Mode]の[PickUp元色]を選んで、変更したい色の部分をクリックすると、元色の選択に反映されます。

描画色についても同様です。

※再び、画像データ作成モードに移る場合は、[Mode]から[Edit]を選びます。

[7-2] アプリケーションプログラムの使い方

■ 文字入力機能

今回のソフトにも「文字入力」機能があります。
この機能は、「選択した色」で、「任意の位置」に「文字」を入力するものです。

＊

[1]まず、文字の色を左側の色選択パネルから選びます。

[2]そして、「フォントの選択」で、「フォント」、「サイズ」、「スタイル」などを設定します。

※なお、この「フォント・ダイアログ」で選択できる「色」は、機能しないので、注意してください。

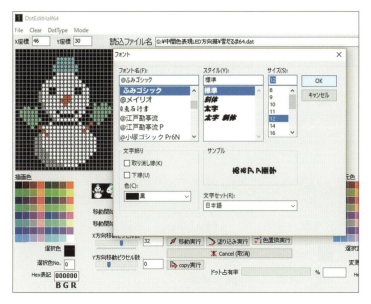

図7-18　フォントの選択

[3]「フォント」を選んだら、「↓文字入力」の下の部分に表示させたい「文字」を入力します。

[4]また、表示を開始したい「X座標」、「Y座標」も入れておきます。

[5]そして、[文字挿入]ボタンを押します。

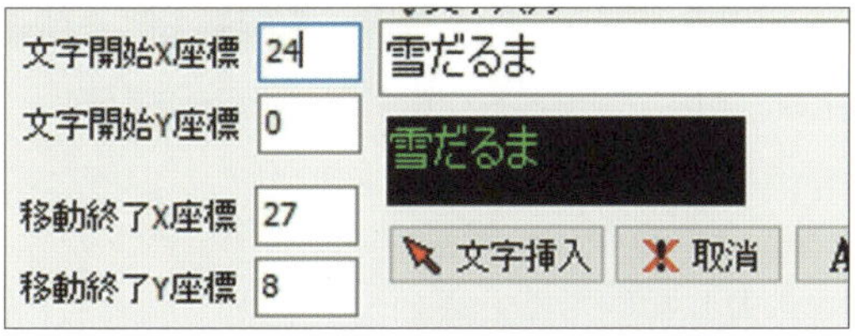

図7-19　「文字」と、「表示開始　座標」を入力

119

第7章 PICでRGBドットマトリクスLEDカラー64色表示

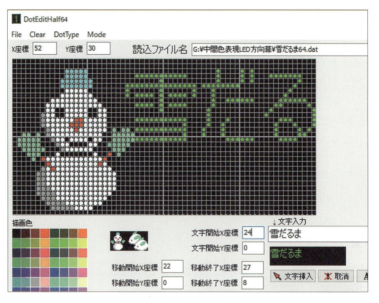

図7-20 文字入力完了

※入力した文字や色、座標などが気に入らなければ、[取消]操作を行って、座標の入れ直しをして、再び[文字挿入]を押します。

■ データの保存

作成したデータを保存するには、[File]から、[save（別名で保存）]を選びます。

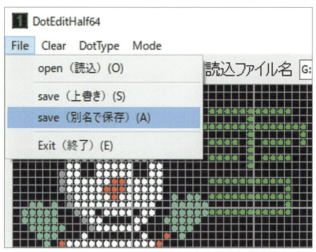

図7-21 [save別名で保存]を選びデータを保存

Saveダイアログが表示されるので、適当なファイル名を入力して保存します。
このとき、拡張子は入力しないでください。

自動的に、***.dat と ***.txtの2つのファイルが保存されます。

[7-2] アプリケーションプログラムの使い方

図7-22　ファイル名を入力して保存

■ データの「読み込み」

[1] 保存されているデータを読み込むには、[File]から、[open（読込）]を選びます。

保存されている「データ・ファイル」が表示されます。

[2] その中で、同名の、「***.dat」と「***.txt」の2つが表示されているのが分かります。
選択するのは、「***.dat」の方になります。

図7-23　ファイル読込ダイアログ

※読み込んだものに、修正・変更を加えて再度、保存し直す場合は、[save（上書き）]を選びます。

第7章　PICでRGBドットマトリクスLEDカラー64色表示

■ マイコン書き込み用「***.dat」ファイル

保存されるデータは、「***.dat」と「***.txt」の2つだという説明をしました。

これらは、いずれも、作成したパターンデータですが、「***.dat」は、純粋にこのドットエディタで編集したデータでバイナリ形式のものです。

「純粋」とは、「色データ」を「赤」とか「水色」とか「黄色」などの色番号を、そのまま保存しているということです。

＊

それに対して、「***.txt」は、マイコンに書き込むための「データ・ファイル」で、「RGBの成分」と「輝度レベル」だけで構成されたものになっています。

マイコンの「ソース・プログラム」に「カット＆ペースト」しやすいように、「テキストデータ形式」です。

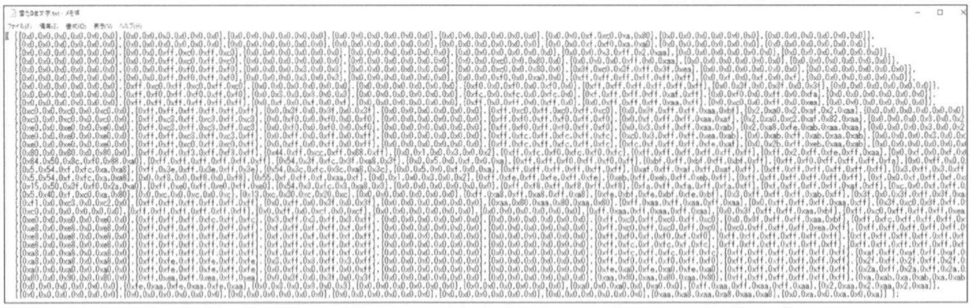

図7-24　***.txtデータの中身

このデータは、ほぼ変更なしで、マイコンの「ソース・プログラム」上にペーストして使うことができます。

6つ単位のデータは、それぞれ、「R,G,B」の8ピクセルぶんの「輝度データ」になります。

■ 表示用マイコンプログラム

次に、表示用のマイコンプログラムを示します。

＊

前回のプログラムと大きく異なる点は、(a)3つのプレーン配列を順次表示させるようにしている点と、(b)ピクセルごとに1bitだったデータが2bitに増えたために、その元データから3プレーン用の配列に表示データを生成する部分のコードが異なること──です。

＊

やや複雑なプログラムになっているため、PIC18F26K22ではデータ処理に時間がかかり、"チラツキ"が多くなってしまっています。

[7-2] アプリケーションプログラムの使い方

　それに比べ、PIC24FJ64GA002では、同様のプログラムでも、チラツキはほとんどなく、両者のCPUの性能の違いがはっきり出ます。

＊

　パネルをもう1枚追加して、「128×32」の表示をする場合は、RAM容量のこともありますが、処理スピードの点でも「24系」のチップを選択する必要があるでしょう。

＊

　以下のプログラムは、PIC18F26K22用ですが、PIC24FJ64GA002用もほぼ同様です。

```
//------------------------------------------------------------------
// RGB-DotMatrix 中間色カラー方向幕  64×32表示テストプログラム
//   PIC 18F26k22用
// Programmed by  Mintaro kanda   メインクロック 32MHz(8MHz×4 PLL)
//   for CCS-C コンパイラ    Ver 1.0  2018/11/3(Sat) 文化の日
//   C0:out Enable（LowでON）   C1:Data Latch
//   C3:SPI Clock
//   LineSelect A0-A3 RGB-6Bit:B0-B5
//------------------------------------------------------------------
#include <18F26K22.h>
#fuses INTRC_IO,NOWDT,NOPROTECT,BROWNOUT,PUT,NOMCLR
#use delay (clock=64000000)//clock 64MHz
#use fast_io(a)
#use fast_io(b)
#use fast_io(c)
const int data[32][8][6]={//雪だるま中間色データ
{{0x3f,0x3f,0x0,0x0,0x0,0x0},{0x0,0x0,0x0,0x0,0x0,0x0},{0x0,0x0,0x0,
0x0,0x0,0x0},{0x0,0x0,0x0,0x0,0x0,0x0},{0x0,0x0,0x0,0x0,0x0,0x0},{0x
0,0x0,0xf,0xc0,0xa,0x80},{0x0,0x0,0x0,0x0,0x0,0x0},{0x0,0x0,0x0,0x0,
0x0,0x0}},
   :（データが長いため中略）
: {{0x0,0x0,0x0,0x0,0x0,0x0},{0x0,0x0,0x0,0x0,0x0,0x0},{0x0,0x0,0x0,0
x0,0x0,0x0},{0xff,0xf0,0xaa,0xa0,0x0,0x0},{0x0,0xf,0x0,0xa,0x0,0x0},
{0x0,0x0,0x0,0x0,0x0,0x0},{0x55,0x54,0x55,0x54,0x55,0x54},{0x0,0x5,0
x0,0x5,0x0,0x5}}};

int od[3][16][8][8];
// 3プレーン、16ライン、横8ブロック、1ブロック中の8ドット

void datain()
{
    int i,j,k,n,v1,v2,pl,rgb,c;
    int data1[3][3][8],data2[3][3][8];//3プレーン分 data1[pl][3][8]
    int* po1,*po2;
    for(k=0;k<16;k++){
        for(j=0;j<8;j++){//横8ブロック分のデータ取り出し
            //data1,data2配列クリアー
```

第7章 PICでRGBドットマトリクスLEDカラー64色表示

```c
                    po1=data1;po2=data2;
                    for(i=0;i<72;i++){//3プレーン分　data1,data2配列　0クリアー
                        *po1++=0;
                        *po2++=0;
                    }
                    for(rgb=0;rgb<3;rgb++){
                        for(n=0;n<2;n++){//B,G,Rそれぞれ2つずつ
                            v1=data[k][j][rgb*2+(1-n)];
                            v2=data[k+16][j][rgb*2+(1-n)];
                            for(i=0;i<4;i++){
                                c = v1 & 0x3;
                                for(pl=0;pl<c;pl++){
                                    data1[pl][rgb][4*n+i]=1;
                                }
                                c = v2 & 0x3;
                                for(pl=0;pl<c;pl++){
                                    data2[pl][rgb][4*n+i]=1;
                                }
                                v1>>=2;
                                v2>>=2;
                            }
                        }
                    }
                    for(pl=0;pl<3;pl++){//3プレーン分
                      for(i=0;i<8;i++){//1bit取り出しのためのループ
                        od[pl][k][j][i]=( data1[pl][0][i]    | data2[pl][0][i]<<3
                                        | data1[pl][1][i]<<1 | data2[pl][1][i]<<4
                                        | data1[pl][2][i]<<2 | data2[pl][2][i]<<5 );
                      }
                    }
                }
            }
        }
    }
}
void main()
  {
    int i,j,k,pl;
    set_tris_a(0x0);
    set_tris_b(0x0);
    set_tris_c(0x0);
    setup_adc(ADC_OFF);
    setup_adc_ports(NO_ANALOGS);
    setup_oscillator(OSC_64MHZ);//クロック64MHz

    datain();
    for(;;){
      for(k=0;k<16;k++){//Line点灯ループ
        output_a(k);
        output_low(PIN_C1);//データ送信
```

[7-2] アプリケーションプログラムの使い方

```
        for(pl=0;pl<3;pl++){//3プレーン分
            for(j=0;j<8;j++){//横8ブロック分のデータ取り出し
                for(i=0;i<8;i++){//1ビット取り出しのためのループ
                    output_b(od[pl][k][j][i]);
                    //SPIクロック生成
                    output_high(PIN_C3);
                    output_low(PIN_C3);
                }
            }
        output_high(PIN_C1);//データラッチ
        output_low(PIN_C0);//点灯
        delay_us(100); //  1/10000秒だけ点灯
        output_high(PIN_C0);//消灯
        }//pl
      }//k
    }//for;;
}
```

■ 表現力

　実際に作ったデータを表示してみると、**6章**で作った「7色表示」とは比較にならない
ぐらいきれいな画像を表示できることが分かります。

　これを見ると、実際の「列車の方向幕」にかなり近い表示が実現できますし、「オレン
ジ色」を表現できるため、「RG表示」(赤、緑、オレンジ3色)の旧タイプの方向幕も実
現することができそうです。

　「列車の方向幕」にするには、さらに「パネル」をもう1枚増やすことになるので、「LED」
のドット数が増え、さらにデータ処理に時間がかかるため、より高速な「CPU能力」や
「クロック」が要求されることになります。

索　引

記号・数字

《記号》

.dat ファイル	81,122
.txt ファイル	81,122

《数字》

128 × 32　RGB ドットマトリクス LED	83
1677 万色	105
16 ポート	8
18 系	109
1 バイトデータ	39
1 ビットデータ	39
2048 バイト	92
256 色	106
256 段階	88
32768Hz	48
32MHz	62
3 次元配列	58
3 色表示の LED 方向幕	83
40 パターン	95
5 × 7 ドットパターン	21
5V-3A 電源	66
5V-4A スイッチング AC アダプタ	66
64MHz	62,73
64 色表示	106
65536 色	106
6bit パラレルデータ	91
74HC148	10
74HC595	17
7 セグメント LED	28
8 ポート	8

アルファベット順

《A》

Arduino	32

《C》

C3 ポート	75
CCS-C	66,94
CCS-C コンパイラ	73,94
const 指定	89
Copy	102,114

《D》

DIP ロータリー・スイッチ	95
DIP ロータリースイッチ	48
disp 関数	58

《E》

Edit	102,114
EO 端子	11

《G》

GND	64

《I》

IRLML2246TRPBF	52

《K》

KP-3232D	61

《M》

Move	102,114

《O》

open(読込)	82
OSTBABS4C2B	52

《P》

P3 パネル	86
P4 パネル	86
PIC18F1220	31
PIC18F13K22	48
PIC18F23K22	89
PIC18F25K22	89
PIC18F26K22	87,89
PIC24FJ128GA002	108
PIC24FJ64GA002	108
PIC24 系	108
PICKit3	50,63
PIC のクロック設定	74

《R》

RGB 5 × 7 ドットマトリクス LED	15
RGB-DotMatrix	16
RGB-LED パネル	93
RGB カラーパターン・エディタ	80
RGB ドットマトリクス LED カラー 64 色表示	105
RGB フルカラー表示	105
RGB 方向幕	85
RG 方向幕	85

索 引

≪S≫

SOP タイプ	18
SPI クロック	73
SPI シリアル通信	62
SPI 通信機能	62
STD-05040U	66

≪W≫

WS2812B	30

五十音順

≪あ行≫

あ アノード・コモン ・・・・・・50
い 移動開始 X 座標 ・・・・・・114
移動開始 Y 座標 ・・・・・・114
色置換 ・・・・・・118
色変更 ・・・・・・118
色を変える ・・・・・・42
え 駅構内の案内ディスプレイ ・・・・・・82
お オシレータ ・・・・・・90

≪か行≫

か 外部発信機 ・・・・・・48
画面全体の消去 ・・・・・・101,113
カラーキャラクター点灯 ・・・・・・73
カラー表示パネル ・・・・・・61
き キー・スイッチ ・・・・・・7
キー・マトリクス ・・・・・・7
輝度レベル ・・・・・・110
く クリスタル ・・・・・・48
け ケース加工 ・・・・・・59

≪さ行≫

し シーソースイッチ ・・・・・・66
シールド線 ・・・・・・51
時間待ちをする関数 ・・・・・・76
私鉄の列車 ・・・・・・85
消去 ・・・・・・101
消去の取消 ・・・・・・101,113
シリアル通信 ・・・・・・62
シリアルデータ ・・・・・・32.91
新幹線 ・・・・・・85
信号用フラットケーブル ・・・・・・87
す スタンドアロン ・・・・・・89
せ 積層セラミックコンデンサ ・・・・・・52
全消去 ・・・・・・101,113

≪た行≫

た ダイナミック点灯 ・・・・・・43
タイマー割込み ・・・・・・22
タクトスイッチ ・・・・・・48
単色のデータ ・・・・・・81
単色文字点灯 ・・・・・・68
単ループ処理 ・・・・・・58
ち 中間色 ・・・・・・24,107
中間色データ作成 ・・・・・・110
て データ・ハーネス ・・・・・・84
データ定義ファイル ・・・・・・81
データの保存 ・・・・・・103,120
データの読込 ・・・・・・104,121
データ描画 ・・・・・・101,112
データ入力用パターン・エディタ ・・・・・・100
デジタル温度計 ・・・・・・42
デューティ比 ・・・・・・76
点灯時間 ・・・・・・88
と 時計の各行 ・・・・・・58
ドット・タイプ ・・・・・・102,113
ドット・チェック ・・・・・・102,114
ドットマトリクス LED ・・・・・・83

≪は行≫

は 波形の生成 ・・・・・・34
パルス幅の調節 ・・・・・・38
パワーグリッド基板 ・・・・・・52
ひ 描画 ・・・・・・101,112
描画色 ・・・・・・118
表現力 ・・・・・・125
表示パターン・エディタ ・・・・・・80
表示用マイコンプログラム ・・・・・・122
ふ 布幕 ・・・・・・83
プライオリティ・エンコーダ ・・・・・・10
フルカラー ・・・・・・88
フルカラー LED クロック ・・・・・・47
へ 変更元色 ・・・・・・118
ほ 方向幕 ・・・・・・83

≪ま行≫

も モード ・・・・・・102,114
文字入力 ・・・・・・103,119
モノクロ save ・・・・・・82

≪ら行≫

り 両面ユニバーサル基板 8.5 ・・・・・・18
れ 列車のカラー方向幕 ・・・・・・82

[著者略歴]

神田　民太郎（かんだ・みんたろう）

1960 年 5 月生まれ、宮城県出身
職業訓練大学校　建築系・木材加工科　卒業
仕事では、プログラミング教育に長年携わる。
プライベートでは、ロボット製作を行なうために、小型の旋盤やフライス盤
などを自宅に導入。オリジナル金属パーツなども作って、あまり世の中に出
回っていないような製品づくりを行なっている。
「木工」の専門性を活かし、製品の内容によっては、材料に木材を使うこと
も少なくない。

【主な著書】

「PIC マイコン」で学ぶ C 言語
たのしい電子工作——「キッチンタイマー」「音声時計」「デジタル電圧計」…作例全 11 種類！
やさしい電子工作
「電磁石」のつくり方 [徹底研究]
自分で作るリニアモータカー
ソーラー発電 LED ではじめる電子工作　　　　　　　　　　　　　　（以上、工学社）

質問に関して

本書の内容に関するご質問は、

①返信用の切手を同封した手紙
②往復はがき
③ FAX(03)5269-6031
　（ご自宅の FAX 番号を明記してください）
④ E-mail　editors@kohgakusha.co.jp

のいずれかで、工学社編集部あてにお願いします。
なお、電話によるお問い合わせはご遠慮ください。

サポートページは下記にあります。

[工学社サイト]
http://www.kohgakusha.co.jp/

「PIC マイコン」 ではじめる電子工作

2019 年 12 月 25 日　初版発行　ⓒ 2019

※定価はカバーに表示してあります。

著　者　　神田　民太郎
発行人　　星　正明
発行所　　株式会社 **工学社**
〒 160-0004 東京都新宿区四谷 4-28-20　2F
電話　　　(03)5269-2041 (代) [営業]
　　　　　(03)5269-6041 (代) [編集]
振替口座　00150-6-22510

[印刷] シナノ印刷 (株)

ISBN978-4-7775-2096-1